ZEITSCHRIFT FÜR ANGEWANDTE GEOLOGIE

HERAUSGEGEBEN VON
DER STAATLICHEN GEOLOGISCHEN KOMMISSION
UND DER ZENTRALEN VORRATSKOMMISSION
DER DEUTSCHEN DEMOKRATISCHEN REPUBLIK

AUS DEM INHALT

AKADEMIE-VERLAG · BERLIN

BAND 7 / HEFT 6
JUNI 1961
SEITE 273—328

Die ZEITSCHRIFT FÜR ANGEWANDTE GEOLOGIE berichtet ständig ausführlich über folgende Arbeitsgebiete: Geologische Grundlagenforschung und Lagerstättenforschung / Methodik der geologischen Erkundung / Ökonomie und Planung der geologischen Erkundung / Technik der geologischen Erkundung / Geologie und Lagerstättenkunde im Ausland / Bibliographie, Verordnungen, Richtlinien, Konferenzen, Personalnachrichten

Die ZEITSCHRIFT FÜR ANGEWANDTE GEOLOGIE ist kein Organ einer engen Fachgruppe. Auf ihren Seiten können alle strittigen Fragen der praktischen Geologie behandelt werden. Die Autoren übernehmen für ihre Aufsätze die übliche Verantwortung.

ZEITSCHRIFT FÜR ANGEWANDTE GEOLOGIE

CHEFREDAKTEUR: PROF. DR. E. LANGE

BAND 7 · JUNI 1961 · HEFT 6

Zehn Jahre VEB Geophysik

GERHARD HERTWIG, Werkdirektor des VEB Geophysik, Leipzig

Die angewandte Geophysik — die Erforschung des Aufbaus der obersten Erdkruste mittels physikalischer Messungen — ist als selbständige Wissenschaft noch recht jung. Ihre Bedeutung für die erfolgreiche Erkundung neuer mineralischer Lagerstätten wird durch das stürmische Wachstum sowohl des Umfangs als auch der Vielfalt der Methoden und Ausrüstungen veranschaulicht. Heute wird der Erfolg der geologischen Erkundungstätigkeit wesentlich durch den Stand der geophysikalischen Erkundung bestimmt.

Am 1. Januar 1951 wurde der „Geophysikalische Dienst" mit Sitz in Leipzig ins Leben gerufen. Das war ein Beginn mit zum Teil unzulänglichen Mitteln, mit einem nur kleinen Stamm an erfahrenen Fachkräften, ungenügenden oder lückenhaften geologischen und geophysikalischen Grundlagen. Aber es war der Anfang einer neuen systematischen Erkundungstätigkeit. 1953 erfolgte die Umbildung des Dienstes in den „VEB Geophysik". Damit konnten neue Quellen für die Steigerung der Meßleistung und die Verbesserung der Ausrüstung erschlossen werden. Geeignete Lohnformen, Wettbewerbe und, in den letzten Jahren, die Arbeit der sozialistischen Brigaden und Gemeinschaften steigerten die Arbeitsproduktivität, verbesserten die technische Qualität und ermöglichten es, die Meßtrupps mit modernen Geräten auszustatten. Die Kumpels in den Meßtrupps, die jungen Kader — in der Feldpraxis herangereift oder frisch von der Hochschule gekommen — vollbrachten hervorragende Leistungen.

Eine Hauptaufgabe für den Betrieb bestand in der geophysikalischen Regionalaufnahme der Deutschen Demokratischen Republik. Die alten gravimetrischen und magnetischen Ergebnisse sind bereits in einheitlichen Karten dargestellt worden. Die Neuvermessung der DDR mit dichtem Punktabstand ist in Arbeit und wird in den nächsten Jahren abgeschlossen werden. Für das gesamte Gebiet nördlich der Mitteldeutschen Hauptlinie liegt der Laufzeitplan nach den refraktionsseismischen Arbeiten des VEB Geophysik vor.

Diese geophysikalischen Messungen und in letzter Zeit reflexionsseismische Regionalprofile haben die geologisch-tektonischen Kenntnisse bedeutend erweitert. Zahlreiche Strukturen sind dadurch bekannt geworden. In den, vor allem durch die Übersichtsmessungen abgegrenzten, lagerstättenhöffigen Bereichen erfolgten vielseitige Übersichts- und Spezialvermessungen. Damit konnte der VEB Geophysik wesentliche Beiträge zur Erforschung fast aller in der DDR vorkommenden mineralischen Lagerstätten leisten. Summarisch sei hier auf die wirtschaftlichen Erfolge bei der Erkundung von Erdöl und Erdgas, Kohle, Nickel, Eisenerzen, Brauch- und Mineralwässern hingewiesen.

Die anfänglich in mancher Hinsicht mangelhafte Ausrüstung der Meßtrupps wurde durch seismische, elektrische und magnetische Meßgeräte modernisiert, die, in unseren Labors entwickelt und gebaut, jedem internationalen Vergleich standhalten. Die Erfolge unseres umfangreichen Forschungsprogramms ermöglichten Verbesserungen der Meßmethodik, der Auswerteverfahren und der Geräte. Entscheidende Verbesserungen der Erkundungsqualität danken wir der freundschaftlichen Hilfe der seit 1959/60 in unserem Betrieb mitarbeitenden sowjetischen Spezialisten.

1961 werden den herkömmlichen Meßverfahren die aerogeophysikalischen Messungen hinzugefügt. Der Erforschung des tieferen Untergrundes dienen tiefenseismische Arbeiten und geoelektrische Messungen mit großer Wirkungstiefe. Die für eine komplexe Erkundung wichtigen Methoden, wie Kohlenwasserstoff-Prospektion, Metallometrie, Radiometrie, werden erweitert. Seegeophysikalische Messungen sind in Vorbereitung. Die erfolgreich angelaufenen geoelektrischen Untertagemessungen werden verstärkt fortgeführt. In enger Zusammenarbeit mit den neugebildeten Bezirksstellen für Geologie muß die Geophysik stärker für die Wassererkundung und für den Sektor Steine und Erden genutzt werden.

Noch bedarf es äußerster Anstrengungen zur Erfüllung der im Volkswirtschaftsplan festgelegten Schwerpunktaufgaben, noch ringen wir um ausreichenden geophysikalischen Vorlauf, doch die schöpferische Mitarbeit unserer sozialistischen Brigaden und Gemeinschaften, unserer Arbeiter und Wissenschaftler gibt uns die Zuversicht, daß wir die Pläne erfüllen werden.

Gemessen an dem Zeitraum zwischen dem Beginn geophysikalischer Arbeiten und der industriellen Nutzung der Lagerstätten, sind zehn Jahre Erkundungstätigkeit, auf die unser Betrieb zurückblicken kann, nur eine kurze Zeitspanne. Dank der großzügigen Unterstützung durch unseren Arbeiter-und-Bauern-Staat hat sich der VEB Geophysik in dieser Zeit zum größten Erkundungsbetrieb Deutschlands mit weit über 1000 Beschäftigten entwickelt. Er ist ein wichtiger Bestandteil der sozialistischen Volkswirtschaft, ein unentbehrliches Instrument für die Vollendung des sozialistischen Aufbaus. Der VEB Geophysik beginnt das zweite Jahrzehnt auf einer gesunden und festen Grundlage mit wertvollen ökonomischen Ergebnissen. Die Mitarbeiter des VEB Geophysik werden das von Partei und Regierung in sie gesetzte Vertrauen nicht enttäuschen.

Zeitschrift für angewandte Geologie (1961) Heft 6

Strukturelemente im Raume Ostmecklenburg und Nordostbrandenburg auf Grund von Ergebnissen seismischer Refraktionsmessungen[1)]

Mitteilung aus dem VEB Geophysik

ERICH THOMAS, Leipzig

Ende des Jahres 1959 wurde die refraktionsseismische Übersichtsaufnahme im Norden der Deutschen Demokratischen Republik abgeschlossen. Das geophysikalische Ergebnis für den gesamten Raum liegt als Isochronenplan für 4 km Entfernung vor. Es kann als Bestandsaufnahme der flachen Strukturen, die wohl restlos erfaßt wurden, gewertet werden. Mehr als 130 Strukturen wurden festgestellt, davon 41 flache Salzstöcke (Diapire), 40 antiklinalartige Heraushebungen, 12 andere Strukturen, wie Abbrüche, Störungen, und ca. 40 Anomalien, deren geologischer Charakter nicht sofort erkannt werden kann.

Bei der geologischen Interpretation des Isochronenplanes konnten die Anomalien mit kurzen Laufzeiten meist als Salzstöcke oder Antiklinalen gedeutet werden; in einigen Fällen handelt es sich aber auch um Einmuldungen besonders schallharten Materials aus jüngeren Formationen. Vor einer Verallgemeinerung bei der Interpretation des Isochronenplanes „Kurzzeitengebiet = Hochlage älterer Gesteine" muß also gewarnt werden. Aus dem Isochronenplan ist nicht ohne weiteres ersichtlich, ob es sich bei einem Kurzzeitengebiet um eine Antiklinale handelt oder um eine Einmuldung und umgekehrt, aber durch ein genügend dichtes Beobachtungsnetz läßt sich diese Frage ohne weiteres entscheiden.

Bei den Anomalien, deren geologischer Charakter nicht sofort bestimmt werden kann, handelt es sich um Abweichungen im Isochronenplan — Gebiete kurzer oder langer Zeiten oder auch unsichere Werte wechselnder Tendenz —, die oft durch einen für die 4-km-Entfernung unzureichenden Energietransport bedingt sind. Es lag daher nahe, noch einen weiteren Isochronenplan für kürzere Entfernungen zum Vergleich heranzuziehen, der die genannten Unsicherheiten nicht enthält. Es wurde die 2-km-Entfernung gewählt; die notwendigen Meßwerte wurden den Linien entnommen, die zur Klärung der Anomalien beobachtet worden waren. Der 2-km-Isochronenplan (s. Abb. 1) gibt die oberflächennahen Verhältnisse besser wieder, vor allem das Relief der Grenzfläche Tertiär/Prätertiär. Die Tiefenreichweite beträgt ca. 500 m; sie genügt, um Angaben über die Lagerungsverhältnisse der oberen Schichten zu machen, die aus dem 4-km-Plan (s. Abb. 2) nicht abgeleitet werden können.

Die Strukturen, die im folgenden zur Diskussion stehen, liegen zum größten Teil nordöstlich bzw. östlich der großen Schwereanomalien in dem Grenzraum Mecklenburg–Brandenburg, also in einem Gebiet, in dem meist mit Oberkreide unter dem Tertiär zu rechnen sein wird, und zwar z. T. in ganz geringer Tiefe. Daher sollen zunächst die Geschwindigkeiten und überhaupt das seismische Verhalten der Oberkreide und der älteren Schichten betrachtet werden. Wie aus zahlreichen Linienbeobachtungen hervorgeht, sind die Geschwindigkeiten für die Oberkreide stark von der Tiefe abhängig. In Tiefen von 1000 m und mehr wurden Werte von 4000 bis 5000 m/s, in mittleren Tiefen von 500 m ca. 3500 m/s und in Tiefen kleiner als 200 m Werte zwischen 2000 und 2500 m/s beobachtet. Die niedrigen Werte von 2000 m/s beobachtet man in manchen Teilgebieten auch bereits für das Pleistozän. Eine Aussage über die Tiefe der Oberkreide in diesen Gebieten ist daher schwierig. Immerhin dürften Geschwindigkeiten etwa ab 2200 m/s und höher für postkretazische Schichten in kleinen Tiefen selten sein. Lassen sich solche Geschwindigkeiten also auf Schichten in weniger als 100 m Tiefe zurückführen, so handelt es sich meist um Oberkreide.

Neben dieser Tiefenabhängigkeit ist selbstverständlich auch die lithologische Ausbildung der Schichten für die Geschwindigkeit von Bedeutung. Kalkige Schichtglieder weisen stets höhere Geschwindigkeiten auf als tonige und sandige. Da bei der großen Mächtigkeit der Oberkreide (in der Basisbohrung Lychen wurden 722 m durchbohrt) mit Schichten ganz verschiedener Ausbildung zu rechnen ist, sind also auch verschiedene Geschwindigkeiten zu erwarten. Leider liegen hierüber im Nordosten der DDR bisher wenig Erfahrungen vor, seismische Geschwindigkeitsmessungen in Bohrungen fehlen überhaupt. Die Unterkreide weist wegen der mehr tonigen Ausbildung niedrigere Geschwindigkeiten auf als die Oberkreide; sie wird also in den Laufzeitkurven nicht erfaßt, wenn sie von Oberkreide bedeckt ist. Auch für den darunter folgenden Jura gilt das gleiche, da mit Malm in dem Gebiet nicht gerechnet wird. Etwas höher werden die Geschwindigkeiten im Keuper sein; ob aber die großen Werte von 4000 bis 5000 m/s, die man für Oberkreide in großen Tiefen findet, noch übertroffen werden, ist fraglich. Höhere Geschwindigkeiten erwarten wir dagegen im Muschelkalk; bei Rüdersdorf wurden Werte von ca. 5000 m/s im Ausgehenden gemessen. Von älteren Schichten mit besonders hohen Geschwindigkeiten kommt evtl. noch Zechstein in Frage.

Neben den Geschwindigkeiten sei noch auf ein anderes Argument hingewiesen, mit dem in manchen Gebieten der Strukturverdacht begründet wird. Es handelt sich um das Abbrechen der Geschwindigkeitsäste für die Tiefenschichten bei bestimmten Entfernungen, das vor allem bei gebankten Schichten mit stark wechselnden Geschwindigkeiten in geringen Tiefen beobachtet wird. Ein Beispiel hierfür ist die Oberkreide mit ihren kalkigen Bänken und den wechselnd tonig-sandigen Mergellagen.

Auf Grund dieser Erwägungen kommt man bei der Interpretation der Meßergebnisse zu folgenden Auffassungen: Kurzzeitengebiete im 2-km-Isochronenplan sind immer Hochlagen der prätertiären Schichten, sie sind stets strukturverdächtig; umgekehrt sind Langzeitengebiete Tieflagen des Prätertiärs. Für den 4-km-Isochronenplan treffen diese Aussagen nicht mehr zu, er kann nur in Verbindung mit den anderen Ergebnissen weiter ausgewertet werden.

Die Geschwindigkeiten der Laufzeitkurven lassen folgende Aussagen zu: Anfangsgeschwindigkeiten bis 2000 m/s weisen auf Pleistozän oder Tertiär hin, höhere Werte auf anstehende Oberkreide oder Oberkreide unter geringer Bedeckung. Für Geschwindigkeiten

[1)] Vortrag, gehalten in Berlin auf der 7. Jahrestagung der Geologischen Gesellschaft in der Deutschen Demokratischen Republik, 1960.

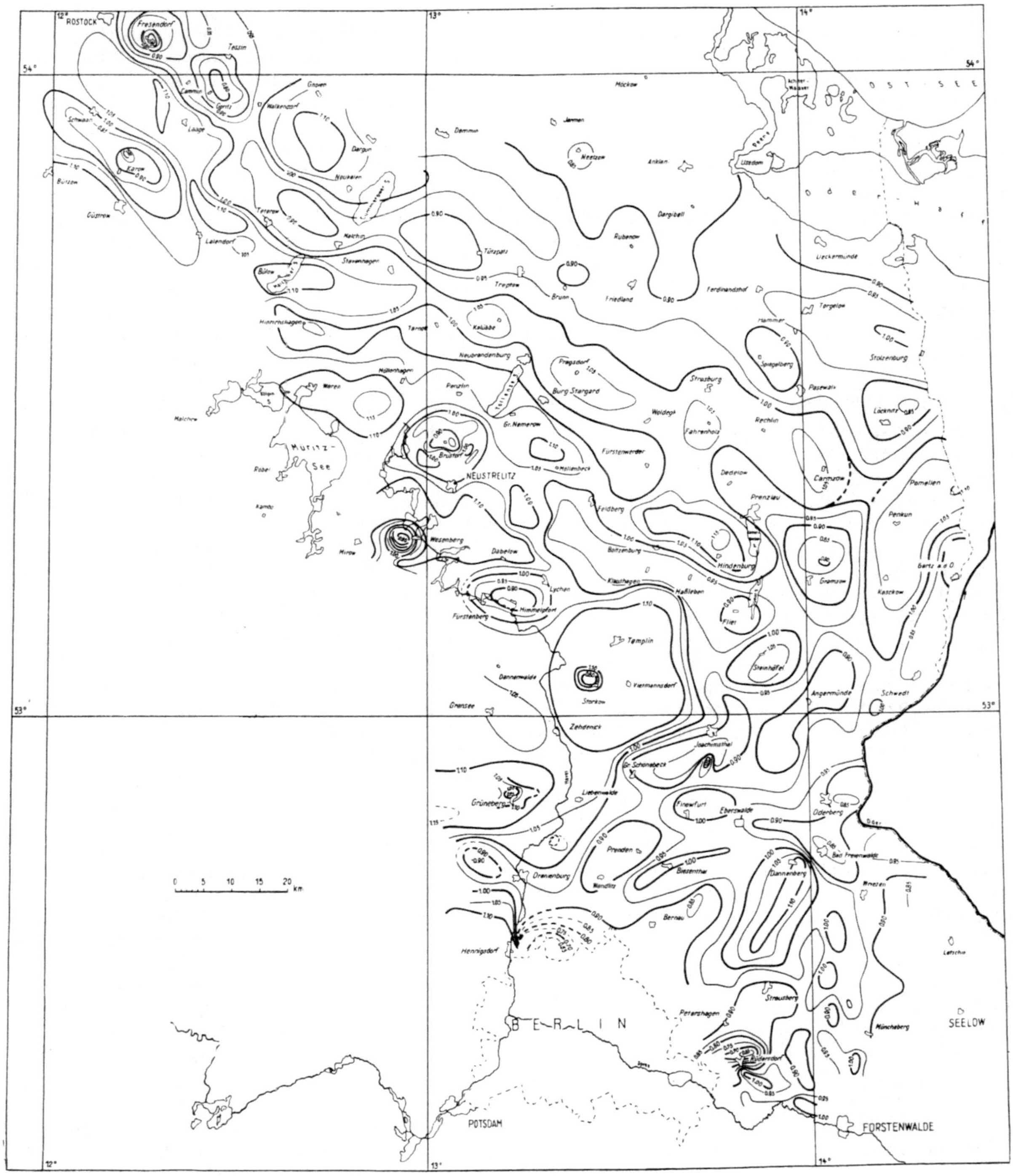

Abb. 1. 2-km-Isochronenkarte

zwischen 2000 und 2300 m/s sind verschiedene Deutungen möglich. Geschwindigkeiten von 2300 bis 2500 m/s in geringen Tiefen (kleiner als 100 m) machen prätertiäre Schichten wahrscheinlich. Die Tiefenberechnungen für die kleinen Tiefen sind ungenau. Steigen die Geschwindigkeiten mehr oder weniger allmählich auf 3500 m/s oder gar 4000 m/s an, so ist mit mächtiger Oberkreide zu rechnen. Bleibt die Geschwindigkeit auch bei größeren Entfernungen kleiner als 3000 m/s, so wird die Oberkreidemächtigkeit reduziert sein. Das gleiche gilt für die zerhackten Laufzeitkurven, d. h., wenn Geschwindigkeitsäste der Größenordnung 2500 bis 3000 m/s bei Entfernungen zwischen 2 und 3 km sprungartig zurückversetzt werden und nur spätere Einsätze zu verfolgen sind. Solche Gebiete sind auf jeden Fall strukturverdächtig. Beobachtet man Geschwindigkeiten der Größenordnung 3500 m/s in mittleren Tiefen von 400 bis 600 m, so liegt eine Einmuldung vor, wahrscheinlich mit größerer Oberkreidemächtigkeit. Geschwindigkeiten der Größenordnung 4000 m/s wurden nur in besonders tiefen Absenkungen der Tertiärbasis beobachtet, so in der Randmulde von Storkow.

Auf Grund dieser Argumentationen wurde eine große Anzahl von Anomalien als verdächtig für Antiklinalstrukturen oder als tertiäre Einmuldungen interpretiert.

Vergleicht man diese Ergebnisse mit der Isogammenkarte 1 : 200000, wie sie von SIEMENS dargestellt wurde, so ergeben sich eine Reihe recht interessanter Analogien. Den als Antiklinalstrukturen verdächtigen Anomalien entsprechen meist kleine Schwereminima und umgekehrt den Einmuldungen Schweremaxima. Selbstverständlich muß man bei diesen Vergleichen außerhalb der großen Schwerestörungen des brandenburgisch-mecklenburgischen Raumes bleiben, die aus großen Tiefen stammen und die kleinen oberflächennahen Einflüsse verdecken. Die auffallende Übereinstimmung zwischen Seismik und Gravimetrie ist nicht zu übersehen; sie beseitigt die Zweifel an der Realität der Ergebnisse und kann als Bestätigung dafür angesehen werden, daß auch den kleinen, oft wenig ausgeprägten Anomalien in diesem Gebiet eine geologische Bedeutung zukommt.

Die einzelnen Anomalien

Die einzelnen Anomalien sollen an Hand des 2-km-Isochronenplanes (Abb. 1) besprochen werden. Im größten Teil des Gebietes streichen die Isochronen vorzugsweise WNW–ESE; im Süden kommt die NE–SW-Richtung hinzu, im Grenzgebiet überdecken sich beide Richtungen. Die Richtung im Isochronenverlauf stimmt weitgehend mit der Richtung der Isogammen in der Schwerekarte überein. Den angegebenen Richtungen entsprechend wechseln lange Streifen kurzer Zeiten ab mit ebensolchen langer Zeiten. Innerhalb dieser Streifen heben sich eng umgrenzte Gebiete mit besonders kurzen bzw. besonders langen Zeiten heraus. Die Streifen kurzer Zeiten werden als Oberkreidehochlagen mit einigen stärkeren Heraushebungen bzw. die Gebiete langer Zeiten als Tieflagen mit besonderen Einmuldungen gedeutet.

Der längste derartige Strukturzug läßt sich von Löcknitz im Südosten über 100 km weit bis Malchin verfolgen. Im Bereich der Teterower Schwereflanke biegt er nach Nordwesten ab. Die beiden Kurzzeitengebiete Goritz und Fresendorf, innerhalb der dichten Isogammenscharung zwischen Rostock und Teterow gelegen, sind Strukturen anderer Art. Sie kommen sowohl im 2-km- als auch im 4-km-Isochronenplan gut heraus. Es ist möglich, daß diese Strukturen in größeren Tiefen Salzkerne enthalten.

Die Struktur Malchin entspricht einer Hochlage der Oberkreide mit Tiefen kleiner als 100 m. In 800—1000 m Tiefe werden ältere Schichten erfaßt, die in der Umgebung tiefer liegen. Damit dokumentiert sich dieses Gebiet als Antiklinalstruktur. Schweremäßig tritt das Gebiet im Bereich der dichten Isogammenscharung nicht hervor.

Im Bereich der Teilstruktur Tützpatz liegt die Oberkreide gleichfalls nahe der Oberfläche. Besonders markant ist der Abfall nach Südwesten zur Mulde von Stavenhagen, wo das Prätertiär Tiefen von 500 m erreicht. Auch hier beobachtet man in Tiefen von 900 bis 1100 m Schichten höherer Geschwindigkeit.

Im Gebiet Brunn–Friedland liegt Oberkreide in geringen Tiefen von 100—150 m. Ältere Schichten sind nicht nachgewiesen, der Strukturcharakter ist also fraglich. Eine bei Friedland–Roga gelegene Schwereminusachse könnte als Hinweis für eine mögliche Struktur angesehen werden. Andererseits steht die von Spantekow in Richtung Brunn verlaufende Schwereplusachse in keiner erkennbaren Beziehung zu den Ergebnissen der Seismik.

Die Anomalie Spiegelberg, nordwestlich Pasewalk, entspricht gleichfalls einer Oberkreidehochlage. Die niedrigen Geschwindigkeiten werden mit reduzierter Mächtigkeit der Oberkreide erklärt. Ein Schwereminimum stellt die Analogie zu den Messungen der Gravimetrie her.

Das Gebiet Löcknitz bildet ein allseitig geschlossenes Kurzzeitengebiet, entsprechend einer kuppelförmigen Kreidehochlage. Die Oberkreidetiefen betragen im Zentrum weniger als 100 m. Das Ansteigen der Geschwindigkeiten auf über 4000 m/s wird auf verhältnismäßig große Oberkreidemächtigkeit zurückgeführt. Ältere Schichten wurden im zentralen Teil in Tiefen von 1500 bis 1800 m angetroffen, aber nicht in den Außenbezirken. Gravimetrisch ist das Gebiet durch ein geschlossenes Minimum gekennzeichnet.

Dem Strukturzug Löcknitz–Malchin ist im Nordosten eine Einmuldung vorgelagert, die besonders im Osten bei Stolzenburg und im Nordwesten bei Neukalen seismisch gut herauskommt. Bei Stolzenburg sinkt die Oberkreide bis 450 m Tiefe ab. Außer dem Ansteigen nach Süden in Richtung auf die Hochlagen von Löcknitz und Spiegelberg kommt auch ein Ansteigen nach Norden klar heraus. In der Umgebung von Ueckermünde werden Tiefen von weniger als 200 m registriert. Die langen Zeiten bei Stolzenburg fallen mit dem Ausläufer eines kräftigen Schwerehochgebietes zusammen, dessen Kern jenseits der Staatsgrenze DDR–Volksrepublik Polen liegt.

In dem Langzeitengebiet Neukalen erreicht die Tertiärbasis Tiefen von 500—600 m. Die Mulde bildet die nördliche Begrenzung der Struktur Malchin.

Ein besonders herausfallendes Gebiet wurde bei Rubenow nördlich Friedland erfaßt, also etwa in der Mitte zwischen Stolzenburg und Neukalen. Es macht sich weder im 4-km- noch im 2-km-Laufzeitplan durch besondere Zeitunterschiede bemerkbar. Auf Grund der Laufzeitkurven kommt man zu der Auffassung, daß ein Muldengebiet mit Tiefen bis zu 500 m vorliegt. Rund 10 km nordöstlich und nordwestlich Rubenow beobachtet man bei Dargibell und bei Neetzow zwei Gebiete, die nach den seismischen Ergebnissen als Oberkreidehochlagen interpretiert werden. Die Schwerekarte zeigt in Übereinstimmung damit an beiden Stellen Minima. Während das Minimum bei Dargibell in einem Gebiet ausgeglichener Schwerewerte nur schwach hervortritt, ist das Minimum bei Neetzow geschlossen und recht deutlich.

Südlich des Strukturzuges Löcknitz–Malchin läßt sich eine Zone langer Zeiten mit einer Anzahl sich stärker abhebender Gebiete verfolgen, die als Muldenzone mit tieferen Absenkungen gedeutet wird. Von Ost nach West lassen sich folgende Spezialmulden unterscheiden: Penkun, Carmzow, Fahrenholz, Pragsdorf, Kalübbe und Stavenhagen–Bülow–Lalendorf. Bei Lalendorf gabelt sich die Zone in die Mulde Laage–Dolgen und die Mulde südlich Güstrow. Die Mulde Laage–Dolgen trennt die Strukturen Goritz–Fresendorf und Karow, die Mulde südlich Güstrow die Strukturen Karow und Krakow. Die Tertiärbasis liegt in der Muldenzone bei ca. 400 m, in den Vertiefungen bei 500 m und bei Bülow–Lalendorf zwischen 700 und 900 m Teufe. In der Schwerekarte erkennt man im Bereich der Mulde einige kräftig ausgebildete Schweremaxima, so bei Lalendorf, Woldegk, Carmzow und Penkun. Besondere Beachtung verdient die Einsenkung von

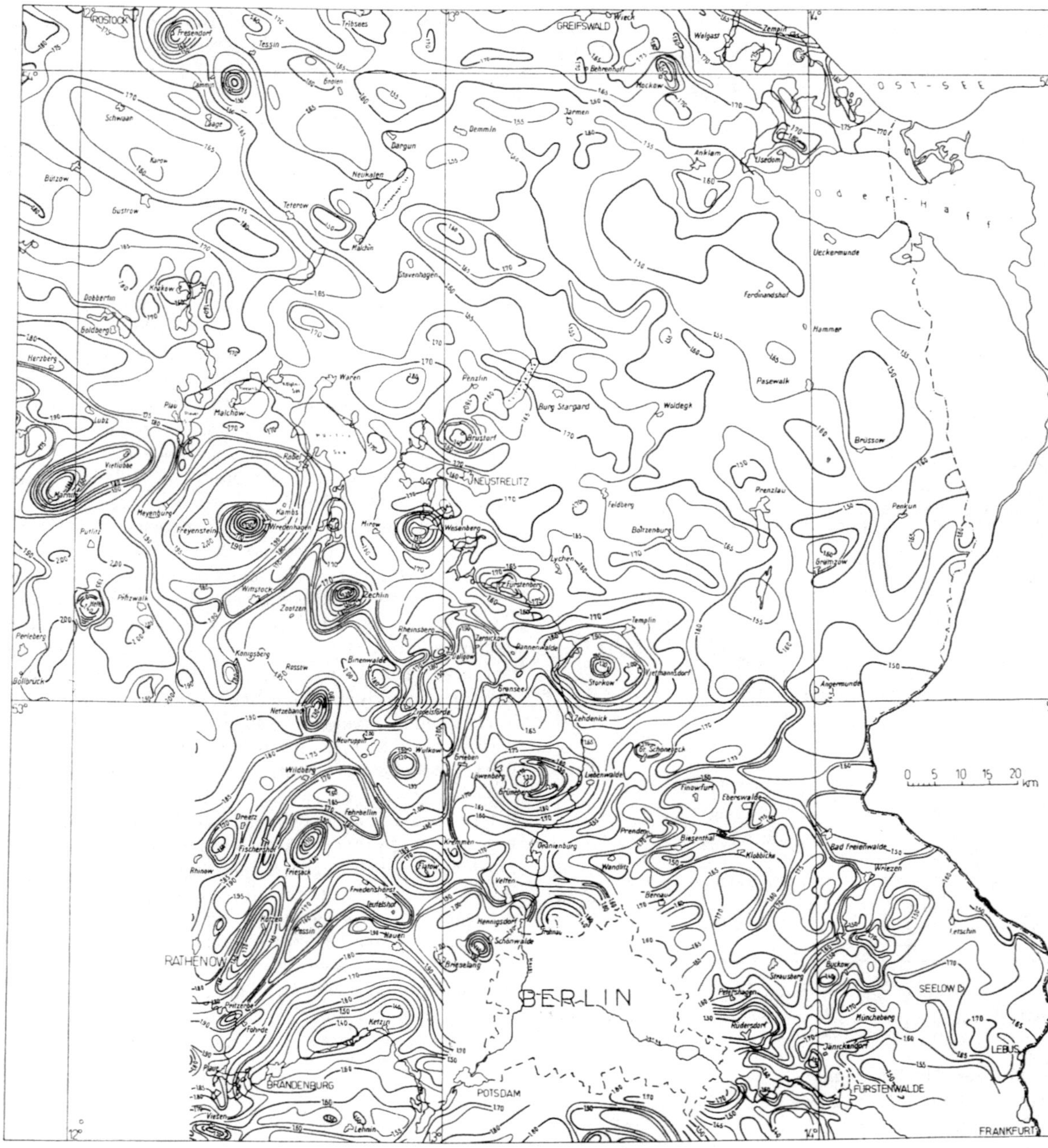

Abb. 2. 4-km-Isochronenkarte

Penkun mit ihrer rheinischen Streichrichtung. Die tiefste Stelle wurde seismisch bei Pomellen an der Staatsgrenze DDR–Volksrepublik Polen ermittelt, genau im Grenzbereich des sehr kräftigen Schweremaximums südwestlich Szczecin.

Die stärkste Heraushebung des südlich folgenden Strukturzuges ist die Struktur Gramzow. Ein geschlossenes Kurzzeitengebiet im 2-km-Isochronenplan, Laufzeiten „lang, kurz, lang" ringförmig aufgebaut im 4-km-Plan, ein Minimum in der Schwerekarte, das sind die besonderen geophysikalischen Merkmale der Struktur. Das Prätertiär liegt im Zentrum weniger als 100 m tief. Ältere Schichten treten in 1100–1200 m Tiefe auf. Die Struktur verdient besonderes Interesse, da aus dem Jahre 1937 bei Gramzow ein Gasausbruch mit Heliumgehalt bekannt ist. Ein Ausläufer der Struktur erstreckt sich nach Norden in Richtung auf die Struktur Löcknitz, ein anderer nach Nordwesten in Richtung Dedelow. Nordwestwärts kann man das Kurzzeitengebiet weiter verfolgen über Fürstenwerder–Neubrandenburg–Tarnow. Zwischen Tarnow und Hinrichshagen streichen die Isochronen E–W. Bei Hinrichshagen liegt eine Sonderstruktur vor mit Tiefen von ca. 300 m für die Tertiärbasis. In der Schwerekarte beobachtet man bei Hinrichshagen ein Minimum.

Recht gut kommt die folgende Muldenzone heraus: westlich Gramzow die Mulde von Hindenburg mit Tiefen über 500 m, anschließend die nicht ganz so tiefe Mulde Möllenbeck–Großnemerow und mit fast E–W streichenden Isochronen die Mulde Möllenhagen–Waren mit Tiefen von 800–900 m. In der Schwerekarte sind die Mulden von Hindenburg und Möllenhagen als Maxima ausgebildet.

Die letzte der WNW–ESE streichenden Strukturen ist das Kurzzeitengebiet Klaushagen mit dem Gebiet Flieth als Abschluß im Südosten. Auch hier handelt es

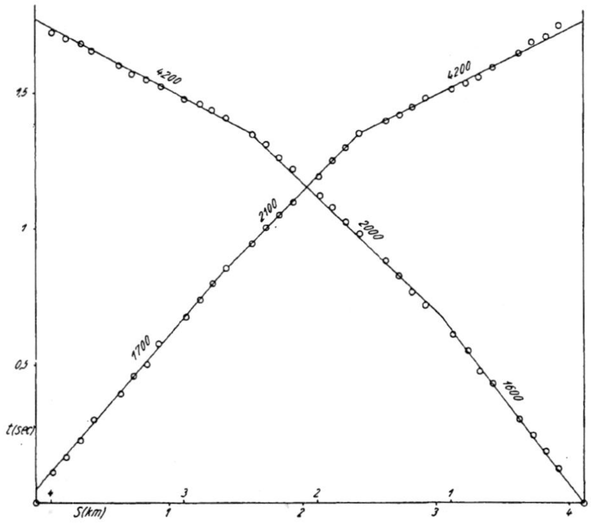

Abb. 3. Linie 83. Randmulde Storkow
v_2 = 4200 m/s; beginnt spät, nicht versetzt. Tiefe groß; Mächtigkeit der Oberkreide groß

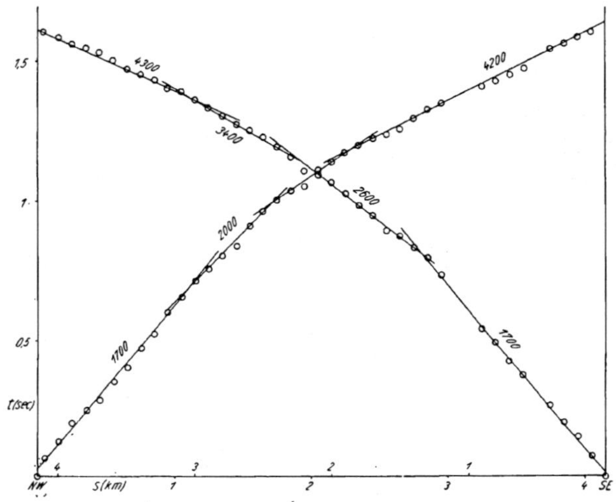

Abb. 4. Linie 92. Mulde Steinhöfel
v_2 = 3000/4200 m/s, 2600H/4300 m/s; nicht versetzt. Tiefe mittel; Mächtigkeit der Oberkreide groß

sich um eine Hochlage mesozoischer Schichten. Ältere Schichten, die in einigen Linien angedeutet sind, bekräftigen den Strukturcharakter. Gravimetrisch ist das Gebiet als Minusachse ausgebildet. Während aber das seismische Kurzzeitengebiet SE–NW streichend bis zur Struktur Brustorf zu verfolgen ist, biegt die gravimetrische Minusachse bei Lychen aus der NW-Richtung nach Westen und später nach Südwesten um. Wir befinden uns hier im Randgebiet der großen gravimetrischen Anomalien des Raumes Mecklenburg–Brandenburg, die alle geringfügigen Schwereeinflüsse verdecken. Dementsprechend sind die seismischen Strukturen in der Schwerekarte meist nur untergeordnet angedeutet oder gar nicht erkennbar, so die Struktur Brustorf, die Salzstöcke Wesenberg, Storkow und Grüneberg mit ihren großen Randmulden (Abb. 3) und die Struktur Fürstenberg.

Geologische Deutung

Auf Grund der Basisbohrung Lychen und der früheren Bohrung Lychen 1 ist heute eine wesentlich erweiterte geologische Interpretation der Meßergebnisse möglich. Für die Umgebung von Dabelow (Basisbohrung Lychen) wurde nach den seismischen Messungen eine Tiefe von 550—600 m und große Mächtigkeit der Oberkreide vorausgesagt. Erbohrt wurden die Grenze Tertiär/Oberkreide in 560 m, die Oberkreidebasis in 1282 m Tiefe. Die Verhältnisse in der Umgebung von Dabelow lassen sich auf die meisten Muldengebiete übertragen.

Die Bohrung Lychen 1 traf Oberkreide in der Tiefe von 322—682 m an. Seismisch wurden Tiefen von 400—450 m bis zur Tertiärbasis errechnet, die Oberkreidemächtigkeit sollte kleiner sein als bei Dabelow. Die Bohrung Lychen war vor den seismischen Messungen bekannt. Heute läßt sich die Interpretation wie folgt erweitern: Der Ort Lychen liegt in dem Grenzgebiet der Strukturen Klaushagen und Fürstenberg. Im Bereich beider Strukturen ist die Tiefe bis zur Tertiär/Kreidegrenze kleiner als bei Lychen, ebenso ist die Oberkreide weniger mächtig. Die Struktur Fürstenberg hebt sich stärker heraus als die Struktur Klaushagen. Es besteht die Möglichkeit, daß Oberkreide bei Fürstenberg nur in geringer Mächtigkeit vorhanden ist oder ganz fehlt. In noch stärkerem Maße gilt diese Voraussage für die Struktur Brustorf, die strukturell noch stärker herausgehoben ist als Fürstenberg.

Im Süden unseres Gebietes ist zunächst die Änderung im Streichen der Isochronen hervorzuheben. Die NE–SW-Richtung ist an die Stelle der ESE–WNW-Richtung getreten; das gleiche gilt für die Streichrichtung der Isogammen. Wie bereits gesagt, tritt die neue Richtung

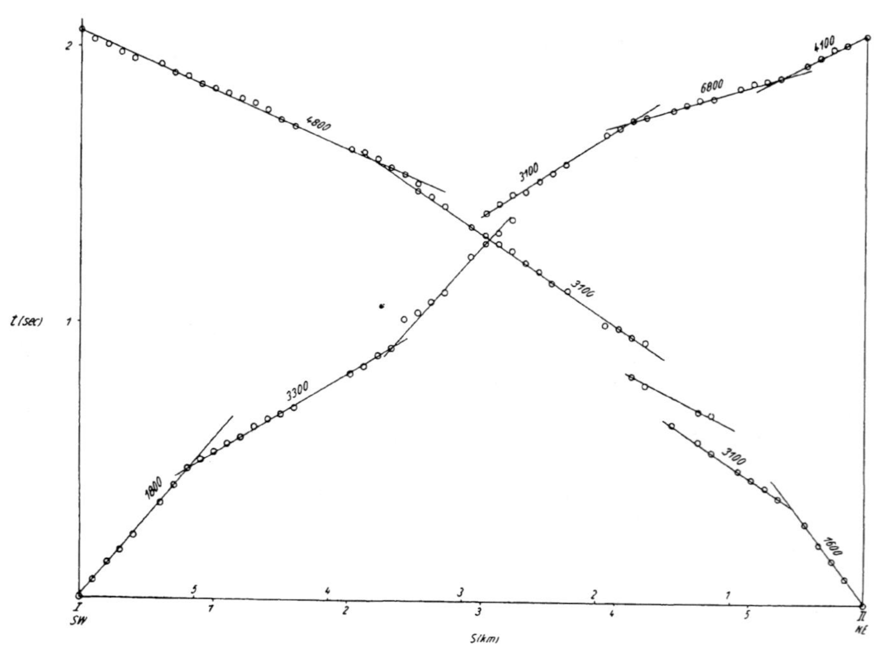

Abb. 5. Linie 125. Struktur Groß-Schönebeck (Zentrum)
v_2 = 3100, 3300 m/s; versetzt. Tiefe klein; Mächtigkeit der Oberkreide reduziert.
v_3 = 4800, 6800 m/s; entspricht tieferer Schicht (Muschelkalk?)

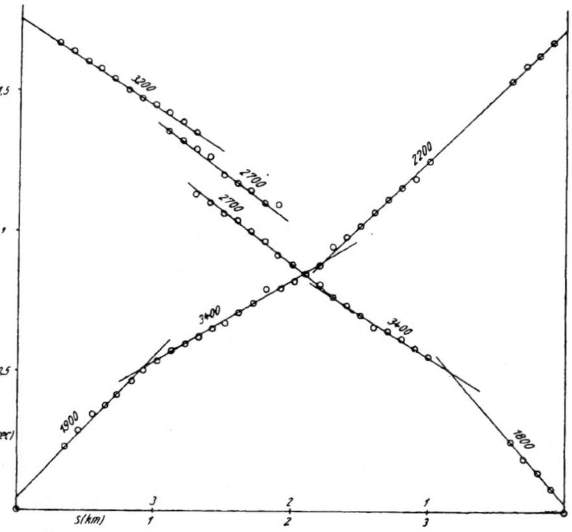

Abb. 6. Linie 77. Struktur Joachimsthal (Zentrum)
v_2 = 3400 m/s; versetzt.
Tiefe klein; Mächtigkeit der Oberkreide reduziert

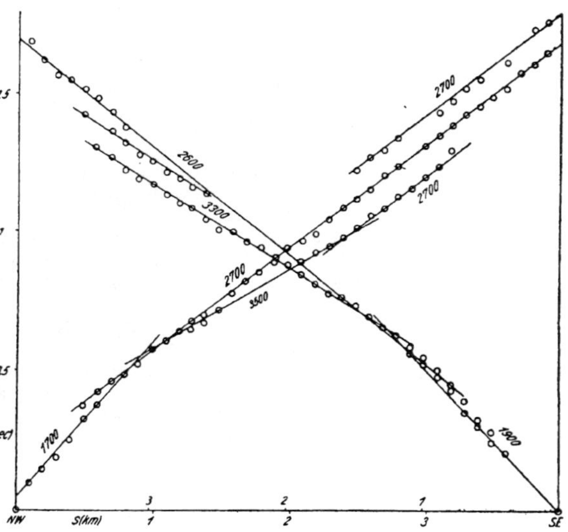

Abb. 7. Linie 108. Struktur Angermünde-Süd (Zentrum)
v_2 = 2700/3500 m/s, 2600/3300 m/s; versetzt.
Tiefe klein; Mächtigkeit der Oberkreide reduziert

zum ersten Male in der Mulde Pomellen–Penkun auf, ebenso im Bereich der östlich gelegenen Anomalie von Gartz. Bei Gartz handelt es sich um eine Hochlage der Kreide; ein gravimetrisches Minimum bildet die Parallele. Die vermutete Struktur hat ihr Zentrum südlich Gartz auf polnischem Gebiet.

Der größte Strukturzug des südlichen Gebietes beginnt mit der Hochlage von Frohnau, streicht SW–NE über die Strukturteile Wandlitz–Prenden, Groß-Schönebeck–Joachimsthal und Angermünde (Abb. 4—9). Bei Frohnau handelt es sich um eine Jurahochlage mit Tiefen von weniger als 200 m, in 700—800 m Tiefe kann Muschelkalk folgen. Auch in den übrigen genannten Strukturteilen liegt die Tertiärbasis flacher als 250 m. Ob unter dem Tertiär Kreide oder bereits Jura folgt, läßt sich nicht sagen. Wenn aber Oberkreide vorhanden ist, wird sie bei Prenden und bei Groß-Schönebeck–Joachimsthal in ihrer Mächtigkeit stark reduziert sein. Bei Angermünde ist die Tiefe bis zur Tertiärbasis gleichfalls nicht größer, aber die erwartete Oberkreide wird mächtiger, besonders nordöstlich Angermünde. Gravimetrisch hebt sich der Strukturzug Frohnau–Wandlitz–Prenden–Groß-Schönebeck–Joachimsthal nicht hervor. Beiderseits Angermünde hingegen erkennt man wieder ein Schwereminimum in Übereinstimmung mit der geringen Tiefe der Oberkreide.

Ein kleines Kurzzeitengebiet nordwestlich Frohnau zwischen Oranienburg und Kremmen wurde früher als Oberkreidehochlage in weniger als 250 m Tiefe interpretiert. Auf Grund der abbrechenden Geschwindigkeitsäste und der niedrigen Geschwindigkeiten (kleiner als 3000 m/s) könnte heute für die Oberkreide eine reduzierte Mächtigkeit vorausgesagt werden. Die inzwischen niedergebrachte Bohrung Kremmen 1 traf Oberkreide in 243—291 m Tiefe an, darunter folgte Unterkreide. Nicht nur die Tiefenlage, sondern auch die Schlußfolgerungen über die Mächtigkeit wurden damit bestätigt. Auch dieses Gebiet tritt in der Gravimeterkarte als negative Schwereachse hervor. Selbstverständlich ist eine Entscheidung darüber nicht möglich, ob man die Schwerewirkung mit der Hochlage zwischen Kremmen und Oranienburg erklären soll oder durch die gegensätzliche Wirkung der Tiefgebiete von Grüneberg und Hennigsdorf, die das Hochgebiet im Norden und Süden begleiten.

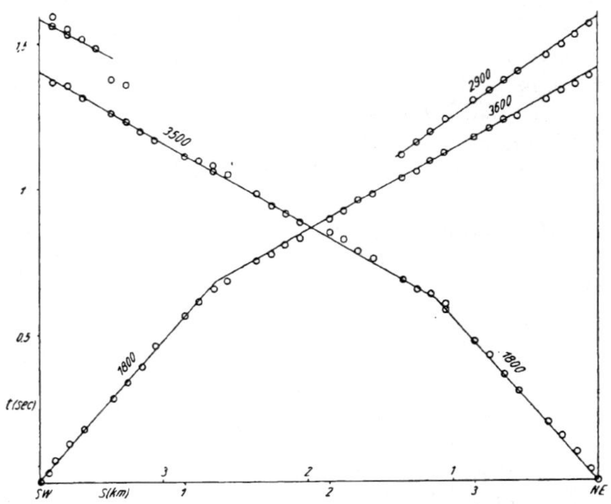

Abb. 8. Linie 71. Struktur Angermünde-Süd (Randgebiet)
v_2 = 3500, 3600 m/s; nicht versetzt.
Tiefe größer als nach Linie 108; Oberkreide mächtiger als nach Linie 108

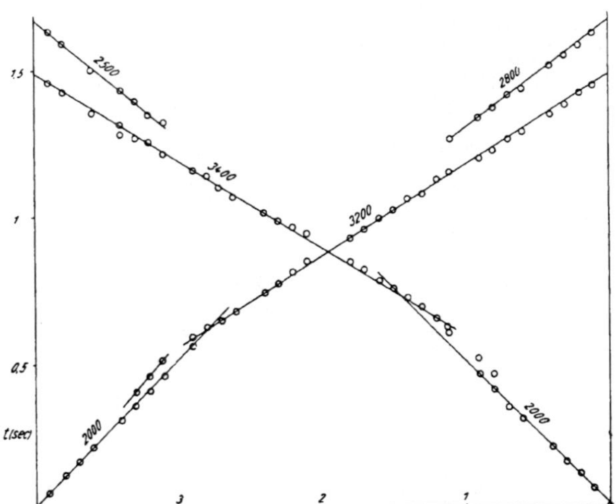

Abb. 9. Linie 55. Struktur Angermünde-Nord
v_2 = 3200, 3400 m/s; nicht versetzt.
Tiefe klein; Oberkreide mächtig

Südlich des Strukturzuges Angermünde–Groß-Schönebeck läßt sich ein Langzeitengebiet von Schwedt an der Oder bis Biesenthal verfolgen. Tiefen von 350 m für die Tertiärbasis und größere Oberkreidemächtigkeiten geben dem Gebiet den Charakter einer Einmuldung.

Ob die an den Raum Berlin angrenzende Hochlage von Bernau mit der Struktur Frohnau in direktem Zusammenhang steht oder ob die Fortsetzung der Struktur Frohnau mehr in Richtung auf die Hochlage Wandlitz–Prenden zu suchen ist, läßt sich nicht entscheiden.

Ein auffallendes Gebiet langer Zeiten, das als Einmuldung des Tertiärs in Tiefen von 400—450 m gedeutet wird, liegt bei Dannenberg vor. Die Gravimeterkarte zeigt im gleichen Raum ein kräftiges NW–SE streichendes Maximum. Irgendeine Beziehung zwischen Gravimetrie und Seismik ist nicht nachzuweisen.

Zwei kleine, besonders gut ausgeprägte Kurzzeitengebiete erkennt man bei Oderberg und Bad Freienwalde (Abb. 10, 11). Alle Anzeichen, die bisher als Strukturhinweise interpretiert wurden, finden sich hier wieder. Für Oderberg sei die gute Übereinstimmung mit den Ergebnissen der Schweremessungen besonders hervorgehoben, während sonst südlich des Oder-Havel-Kanals die Ergebnisse beider Meßmethoden nicht immer in Beziehung zu bringen sind. Das Zentrum der Hochlage Bad Freienwalde wird südöstlich der Bohrung Wendtshof vermutet. Bei der Bohrung selbst wurde zwar keine größere Tiefe für die Tertiärbasis festgestellt, aber es wird mit größerer Mächtigkeit der Oberkreide gerechnet. Stärker reduziert dürfte die Oberkreidemächtigkeit auch im Bereich der Struktur Oderberg sein.

Zum Schluß sei noch das Kurzzeitengebiet erwähnt, das der Struktur Rüdersdorf entspricht. Isochronenverlauf und Geschwindigkeiten lassen darauf schließen, daß eine Struktur ähnlicher Art im östlichen Teil des behandelten Gebietes nicht mehr vorkommt, auch nicht unter geringer Bedeckung. Ebenso ist die strukturelle Heraushebung bei Frohnau, die nach Rüdersdorf am kräftigsten hervortritt, stärker als die aller übrigen Strukturen.

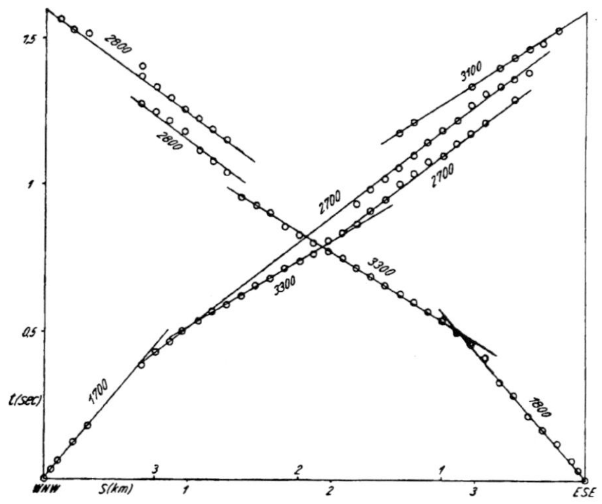

Abb. 10. Linie 70. Struktur Oderberg (Zentrum)
v_2 = 2700/3300, 3300 m/s; versetzt.
Tiefe klein; Oberkreidemächtigkeit reduziert

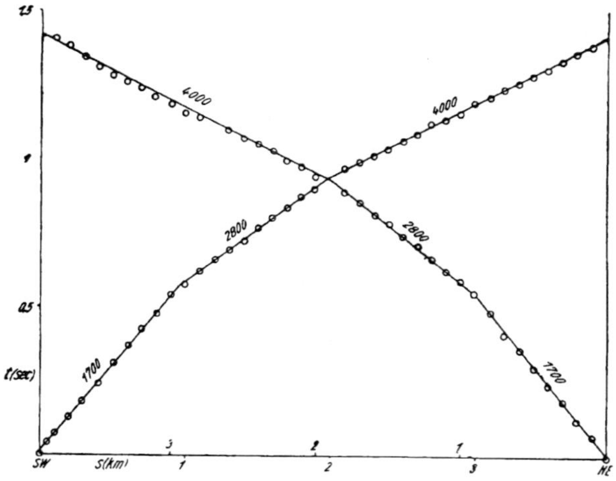

Abb. 11. Linie 117. Struktur Oderberg (Randgebiet)
v_2 = 2800/4000 m/s; nicht versetzt.
Tiefe klein; Oberkreide nicht reduziert

Zusammenfassung

Durch die Refraktionsmessungen der Jahre 1958 und 1959 wurden im Osten der Deutschen Demokratischen Republik zahlreiche Anomalien festgestellt, die auf Grund besonderer Arbeitshypothesen als antiklinalartige Strukturen oder als Einmuldungen gedeutet werden. Die wenigen bisher niedergebrachten Bohrungen (Basisbohrung Lychen, Bohrung Kremmen 1) bestätigen die gegebene Deutung. Eine weitere Überprüfung der geologischen Ergebnisse durch Bohrungen ist aber unbedingt erforderlich.

Auffallend ist, daß die Anomalien im Westen des Gebietes, die sowohl im 4-km- wie im 2-km-Isochronenplan gut herauskommen und über deren geologische Interpretation keine Zweifel bestehen, im Gravimeterbild nicht oder kaum erkennbar hervortreten. Die meisten der wesentlich kleineren Anomalien im Osten decken sich demgegenüber ausgezeichnet mit den Ergebnissen der Schwerekarte, und zwar entsprechen Schwereminima den seismischen Hochlagen und umgekehrt Schweremaxima den seismischen Einmuldungen. Eine weitere Untersuchung dieser auffallenden Analogien ist notwendig.

Резюме

Проведенные в 1958 и 1959 годах сейсмические измерения методом преломлённых волн выявили на востоке Германской Демократической Республики многочисленные аномалии, интерпретированные на основе особых рабочих гипотез как сводообразные структуры или впадины. Немногие до сих пор пробуренные скважины (опорная скважина Лихен, скважина Креммен I) подтвердили данную интерпретацию, но дальнейшая проверка геологических результатов скважинами считается обязательной.

Бросается в глаза следующий факт: аномалии на западе упомянутого района, хорошо выделяющиеся и в 4 км-изохронном плане и в 2 км-изохронном плане и не оставляющие сомнения в геологической интерпретации, в графиках гравиметрических данных не выделяются вовсе или едва ли познаваемо. Напротив, большинство существенно меньших аномалий на востоке отлично совпадает с результатами карты тяжести, а именно, минимумам тяжести соответствуют сейсмические высокие положения, а максимумы тяжести отвечают сейсмическим впадинам. Дальнейшее исследование этих поражающих аналогов является необходимым.

Summary

Refraction measurements carried out in the East of the German Democratic Republic in 1958 and 1959 have revealed numerous anomalies which, on the basis of special working hypotheses, are interpreted as anticline-like structures or as synclines. The interpretation given is confirmed by the few bores so far made (base bore at Lychen, bore at Kremmen 1). Another re-examination, however, of the geological results obtained by bores is indispensable.

It is remarkable that the anomalies in the West of the arèa do not, or hardly perceptible, come into view on the gravimetric record, although they are clearly visible in both the 4- and 2-kilometre isochrone plans, and are unquestionable with regard to their geological interpretation. As against that, most of the essentially smaller anomalies in the East excellently coincide with results of the gravity map. They show that gravity minima correspond to seismic anticlines and, vice versa, gravity maxima are equal to seismic re-entrant synclines. Another investigation of these striking analogies is necessary.

Ergebnisse eines reflexionsseismischen Regionalprofils im Vorland des Mitteldeutschen Hauptabbruches

Mitteilung aus dem VEB Geophysik

HORST HERRMANN, Leipzig

Die Abteilung Seismik des VEB Geophysik führt im Raume des Mitteldeutschen Hauptabbruches und der Altmarksenke reflexionsseismische Untersuchungen zur Erforschung der stratigraphisch-tektonischen Verhältnisse durch. Diese seismogeologischen Arbeiten bilden die Grundlage für die weitere geologische Erkundung mineralischer Lagerstätten (Erdgas, Erdöl u. a.).

Im folgenden soll ein seismisches Profil, das den Ostteil der Altmarksenke quert und den Abbruch von Gardelegen südwestlich Burg erfaßt, beschrieben werden.

Aus den Jahren 1905—1907 sind südlich vom Untersuchungsgebiet geologische Aufschlußarbeiten auf Kalisalze des Zechsteins bekannt (vgl. Erl. zur geol. Karte, Blatt Niegripp). Die geologische Erkundung setzte im Meßgebiet in jüngster Zeit wieder ein (Erdöl und Erdgas, speicherfähige Sedimente!).

Im Rahmen der geophysikalischen Reichsaufnahme wurde das interessierende Gebiet gravimetrisch aufgenommen. 1956 erfolgte die refraktionsseismische Vermessung (MARTIN, MARTIN & JANETZKY). Drehwaagemessungen fanden 1960 statt.

Das Schwerebild (Abb. 1) zeigt NE–SW und NW–SE streichende Anomalien. Die NE–SW-Elemente werden durch einen südlichen Ausläufer des Prignitzblockes hervorgerufen. Südlich der Linie Stendal–Genthin herrschen im Meßgebiet Anomalien mit bevorzugter NW–SE-Richtung vor. Eine bekannte NW–SE streichende Anomalie im Südteil des Meßgebietes ist die Schweresenke von Stendal–Belzig. Im Süden wird sie von dem Magdeburger Schwerehoch begrenzt.

Nach dem Laufzeitplan (Abb. 2) der Refraktionsseismik wird das Meßgebiet durch eine dichte NW–SE streichende Isochronenscharung in zwei charakteristische Laufzeitbereiche geteilt. Die Isochronenscharung teilt sich nordwestlich des Kurzzeitengebietes Brehm, umschließt es und vereinigt sich südöstlich wieder. Das Gebiet südwestlich dieses Laufzeitsprunges gehört zur Scholle von Calvörde. Sie wird von den Abbrüchen von Gardelegen (im N) und Haldensleben (im S) begrenzt. Nordwestlich des Gardelegener Abbruches erstreckt sich in herzyner Richtung die Altmärkische Senke. In dieser Senke weisen die Laufzeiten auf engem Raum große Zeitunterschiede auf. Die Laufzeitanomalien verlaufen bis nördlich der Linie Stendal–Golzow, etwa parallel zum Hauptabbruch. Nördlich dieser Linie ändern sich Gestalt, Anordnung und Verteilung der Strukturen.

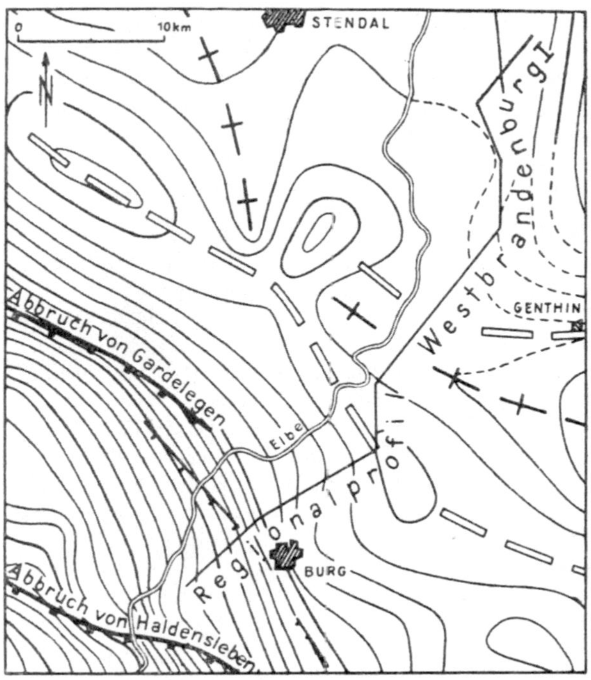

Abb. 1. Auszug aus der Schwerekarte der DDR (SIEMENS 1953)

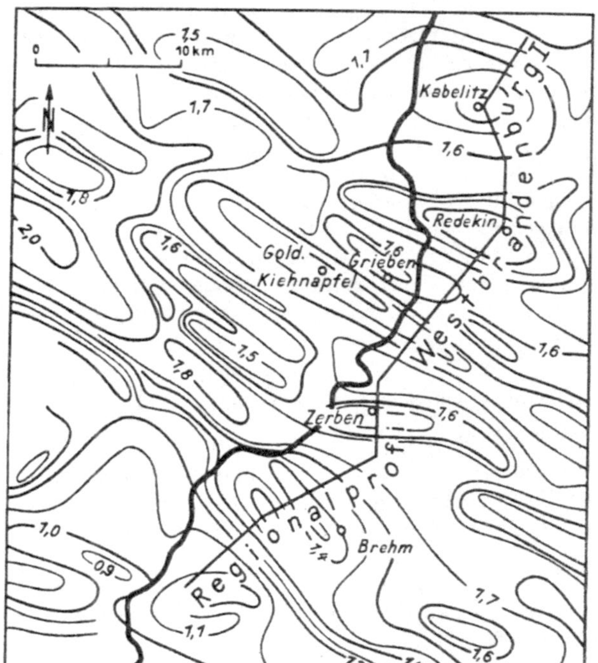

Abb. 2. Auszug aus der Refraktionskarte, Laufzeitplan für 4 km Grundentfernung (MARTIN 1956)

Das reflexionsseismische Profil überquert im SE der Altmarksenke die Kurzzeitengebiete (NE–SW) Kabelitz, Redekin, Grieben, Goldener Kiehnapfel, Zerben und Brehm.

Die Lage und Streichrichtung der Kurzzeitengebiete bestimmten die Profilanlage. Beim Vermessen des Profils kam das Zentralschußverfahren zur Anwendung. Die Gelände- (30—40 m über NN) und Energieverhältnisse wirkten sich äußerst günstig auf die Meßergebnisse aus. Bei der Auswertung der Seismogramme fand nur die Geländekorrektur Berücksichtigung.

Zur Konstruktion der Tiefenprofile aus den Laufzeitprofilen standen elf reflexionsseismische und zwei bohrlochseismische Geschwindigkeitsmessungen zur Verfügung. Die Auswertung im gesamten Meßgebiet erfolgte mit gleitendem Geschwindigkeitsansatz und die Konstruktion der Profile mit ortsveränderlicher Geschwindigkeit nach der Tangentenmethode vom Bezugsniveau NN aus. Die Brechung der Stoßstrahlen an der Tertiärbasis wurde nur bei der Konstruktion der steilen N-Flanke der Struktur Brehm berücksichtigt (Verfahren nach DE CALEYA; s. ZEUCH & ALBIN).

Reflexionshorizonte liegen aus dem Tertiär, der Kreide, dem Jura, der Trias und dem Zechstein vor:

Leithorizonte	Stratigraphische Einstufung
T_1	etwa Tertiärbasis
Co	in der Oberkreide
T_2?	Kreidebasis?
L	im Unteren Lias
K	im Keuper
M_1, M_2	im Muschelkalk
S	im Oberen Buntsandstein
X	im Oberen Zechstein
Z	im Unteren Zechstein (Präsalinar)

Zur stratigraphischen Deutung der seismischen Ergebnisse standen mehrere Bohrungen zur Verfügung. Die an den Flanken der Strukturen erhaltenen Reflexionen können nur an der Südflanke der Struktur Kabelitz mit Sicherheit geologisch interpretiert werden. Eine Interpretation der Reflexionen an den übrigen Strukturen und aus größeren Tiefen ist sehr unsicher, da keine Anschlußmöglichkeiten an Bohrungen vorhanden sind. Erschwert wird die stratigraphische Zuordnung der Reflexionshorizonte noch dadurch, daß einige Störungen eine durchgehende Korrelation der Horizonte unmöglich machen. Aus diesem Grunde ist die stratigraphische Einordnung der Reflektoren nur als ein erster Deutungsversuch zu werten, der sich vielfach auf Analogieschlüsse mit charakteristischen Reflexionshorizonten in anderen Meßgebieten (z. B. Triasband M_1, M_2, S) und Mächtigkeitsvergleiche stützt.

Reflexionsseismische Meßergebnisse (Abb. 3)

Struktur Kabelitz

Die Tertiärbasis T_1 ist an der Südflanke der Struktur als guter Reflektor und deutliche Diskordanzfläche ausgebildet. Die Festlegung der Kreidebasis T_2 ist sehr unsicher.

Der Horizont L entspricht einem Reflektor im unteren Lias. Als Leithorizont K wurde ein Keuperhorizont bezeichnet.

Bemerkenswert ist ein Reflektorendreierband guter Qualität in 1000—1500 m Tiefe. Dieses Band wird in Analogie zum nördlich benachbarten Meßgebiet Mahlitz und den Meßgebieten in der Altmark dem Muschelkalk und dem Oberen Buntsandstein zugeordnet (M_1, M_2, S).

In über 2000 m Teufe treten mehrere Reflektoren von befriedigender bis guter Qualität auf (X? im Oberen Zechstein wie in den Gebieten Salzwedel und Ketzin). Der Reflektor Z wird wegen seiner diskordanten Lagerung zum Hangenden dem tieferen Zechstein (Präsalinar) zugeordnet. Sein Anstieg in Richtung auf den Top kann durch Geschwindigkeitsanomalien unter 2000 m Tiefe vorgetäuscht sein, da von 2000 m Tiefe ab mit einer einheitlichen Schichtgeschwindigkeit von 4000 m/s konstruiert wurde. Lage und Neigung der tiefsten Reflektoren machen ein geringmächtiges Salzkissen im Strukturzentrum wahrscheinlich. Nach dem Reflexionsbild lassen sich mehrere Störungen an der Struktur vermuten, wovon mindestens eine bis ins Tertiär reicht.

Struktur Grieben

Das Regionalprofil quert den Südostteil der Struktur fast senkrecht. Die Reflexionen lassen sich mit wenigen Ausnahmen von beiden Flanken her steil ansteigend bis weit hinein in das Zentrum der Struktur verfolgen (evtl. wird durch Nichtberücksichtigung der Strahlenbrechung die Neigung und Mächtigkeit der Schichten etwas verfälscht).

Auf beiden Strukturflanken erreichen die Sedimente zwischen dem Liasreflektor L (im Süden ohne Bohranschluß) und der vermuteten Kreidebasis in Strukturnähe ihre größte Mächtigkeit. T_2 bildet an der Südflanke eine ausgeprägte Diskordanzfläche. An der Nordflanke kann ein eindeutiger Nachweis einer Diskordanz an der Kreidebasis nicht erbracht werden. Auffällig ist, daß die vermutete Kreidebasis T_2 an der Nordflanke im Bereich der größten Juramächtigkeiten besonders kräftig reflektiert. Vielleicht ist hier noch ein Rest von Malm vorhanden. Auch im Süden liegt ein kräftiger Reflektor (Malm?) unter T_2, der nach Süden im Einfallen an T_2 auskeilt.

Neigungsunterschiede zwischen den Reflektoren innerhalb des Strukturscheitels, Niveauunterschiede bei Reflexionsunterbrechungen und Reflexionslücken kennzeichnen eine komplizierte Tektonik der Struktur, auf die auch der stark zerstückelte Z(?)-Horizont hinweist. Möglicherweise ist mit einem schmalen Salzaufbruch zu rechnen. Über der Struktur ist die Tertiärbasis eingemuldet.

Struktur Zerben

Vom N und S in Richtung auf den Top der Struktur Zerben sinkt die Tertiärbasis allmählich ab. Für die stratigraphische Zugehörigkeit der Reflektoren im Prätertiär gibt es bis auf die Diskordanz der Kreidebasis T_2? und die Horizonte im Lias (L?) und Keuper (K?) keine Bezugsmöglichkeit. Tiefere Horizonte werden dem Muschelkalk (M_1?), dem Oberen Buntsandstein (S?) und dem Zechstein (X? und Z?) zugeordnet. Bis auf S? und einen parallel darunter verlaufenden Reflektor setzen alle anderen Reflexionen noch vor Erreichen des südlichen Muldentiefsten aus. Wegen des zu steilen Einfallens der Schichten an den Flanken konnten sie nicht erfaßt werden. Auch diese Struktur ist stark gestört und durch einen Salzkern gekennzeichnet.

Struktur Brehm

Das Profil schneidet den Westteil des Kurzzeitengebietes. Die Lagerungsverhältnisse an der Nordflanke der Struktur konnten trotz Verkürzung der Seismographenabstände reflexionsseismisch nicht näher geklärt werden. Lediglich einige Reflektorenstücke deuten auf eine sehr steile und stark gestörte Nordflanke (Salz?) hin. Die Südflanke hingegen wird reflexionsseismisch sehr gut wiedergegeben.

Die Deutung des Horizontes T_2(?) stützt sich auf seine diskordante Lagerung gegenüber den tieferen Horizonten. Über Jurahorizonte ist keine Aussage möglich; auch die Zuordnung von K, M_1 und S ist unsicher. Ein guter Reflexionshorizont (Z?) setzt in rund 2500 m Teufe ein. Dieser Horizont sinkt nach Norden staffelförmig bis auf 3500 m ab.

Nordrand der Scholle von Calvörde

Südwestlich Burg erreicht das Regionalprofil den Nordrand der Scholle von Calvörde (Gardelegener Abbruch). Zur Hochscholle steigen sämtliche Reflektoren unter der Tertiärbasis steil an. Der vermutliche Z-Horizont gelangt bis auf rund 1200 m unter NN. Versetzungen der Reflektoren am Profilende machen zahlreiche Verwerfungen wahrscheinlich. Die Deutung der Triashorizonte M_1 und S muß nicht endgültig sein; die Bezeichnungen könnten auch dem jeweils höheren Reflektor zugeordnet werden.

Vergleich der reflexionsseismischen Meßergebnisse mit den Ergebnissen anderer Methoden

Gravimetrie

Der Isogammenverlauf auf der Schwerekarte der geophysikalischen Reichsaufnahme wird durch eine Summierung von Einflüssen aus dem tieferen Untergrund und dem seismisch erfaßten Stockwerk bestimmt. Wenn auch von Norden her bis zur Struktur Grieben der Isogammenverlauf unsicher ist, so dürfte er doch die regionale Tendenz des Grundgebirges widerspiegeln. Die Schwerekurve zeigt einen fast stetigen Abfall bis zur Belzig–Stendaler Schweresenke. Die rasche Schwerezunahme südlich dieser Minimumzone beruht auf dem regionalen Anstieg des Untergrundes in Richtung zum Mitteldeutschen Hauptabbruch. Die Lagerungsverhältnisse der jüngeren Sedimente im Vorland (Altmarksenke) des Mitteldeutschen Hauptabbruches beeinflussen das Schwerebild, was sich durch die lokalen Überlagerungen des Regionalbildes bemerkbar macht.

So verursachen die Salzkerne in den Strukturen Grieben und Zerben Schwereminima; das Minimum von

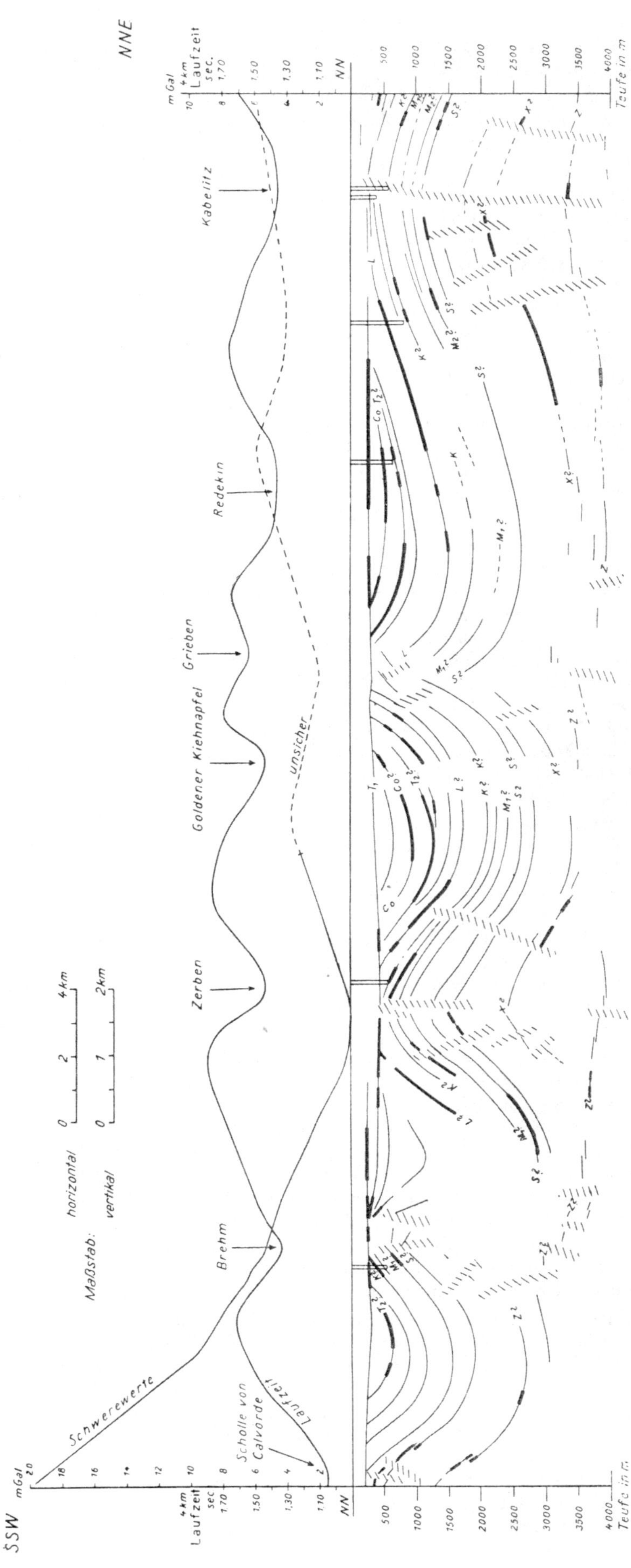

Abb. 3. Reflexionsseismisches Regionalprofil Westbrandenburg I

Zerben wird noch durch die Zunahme der Tertiärmächtigkeit verstärkt. Das gravimetrische Minimum südlich der Struktur Kabelitz läßt sich vorläufig nicht deuten. Über der Struktur Brehm wird der regionale Anstieg der Schwerekurve durch vermutliche Salzwirkungen abgeschwächt.

Die größeren Schwerewerte an den Flanken der Struktur Grieben beruhen auf dem Kontrast zwischen salinarem und nichtsalinarem Gestein, der möglicherweise durch die Wirkung der dichten Oberkreidesedimente verstärkt wird.

Refraktionsseismik

Die Refraktionsseismik ermittelte in 300—350 m Tiefe im Zentrum der Struktur Kabelitz eine 3600-m/s-Schicht und in 1000 m Tiefe eine Schicht größerer Schallhärte (v = 5500 m/s). Die erste Grenzgeschwindigkeit entspricht in guter Tiefenübereinstimmung mit Reflexionsseismik und Bohrungen Lias und Keuper. Die tiefere Schicht deckt sich annähernd mit den oberen Horizonten des Reflexionsdreierbandes, die im Strukturzentrum bis in 800—1000 m Tiefe zu erwarten sind (Muschelkalk).

Die refraktionsseismisch ermittelte Tertiärmächtigkeit auf der Struktur Grieben mit 250—300 m ist etwas geringer als die reflexionsseismisch bestimmte. Das beruht wahrscheinlich auf der sehr geringen Breite der Tertiärmulde. Die Laufzeitverkürzung über der Struktur wird durch Anhydrite bzw. Salz hervorgerufen. Der steile Reflexionsverlauf an den Flanken der Struktur bestätigt die auf steile Randbildungen hinweisenden Merkmale der refraktionsseismischen Laufzeitkurven (überhöhte Geschwindigkeit, Wegknicken der Kurven!).

Die Ursache der refraktionsseismisch gefundenen Kurzzeitengebiete beiderseits der Struktur Grieben (Redekin, Goldener Kiehnapfel) sind Oberkreidekalke. In der Redekiner Mulde (Nordflanke) wird schallhartes Material (v = 4500 m/s) refraktionsseismisch in 650 m Tiefe angegeben. Einen Oberkreidereflektor mit guter Qualität trifft man bei 620 m Teufe an. Die ungefähr längs der 1,6-sec-Isochrone angenommene Südwestgrenze des Kurzzeitengebietes Redekin fällt annähernd mit dem Ausbiß der harten Oberkreidesedimente zusammen.

Die W–E-Richtung der Struktur Zerben wird durch Streuerlaufzeitwerte bestimmt. Die einzige auf der Struktur liegende Refraktionslinie verläuft spitzwinklig zu dieser, dadurch ergeben sich verfälschte Teufenberechnungen. Ein Vergleich der Tiefenwerte beider Methoden ist daher unsicher. Die Laufzeitverkürzung kommt durch die Hochlage schallharter Schichten (Muschelkalk in rund 1000 m Teufe) zustande. Die allmähliche Laufzeitzunahme im Norden wird durch weniger harte Oberkreidesedimente und das flachere Nordeinfallen der Struktur beeinflußt.

Unter dem Deckgebirge der Struktur Brehm wurde eine Scheingeschwindigkeit von rund 2900 m/s in 250 m Teufe beobachtet. Reflexionsseismisch liegt die Tertiärbasis bei 320 m. Die darunter folgende Schicht mit 4000-m/s-Geschwindigkeit liegt refraktionsseismisch in 450—550 m Teufe. Die Refraktionslinie verläuft am Top, während das reflexionsseismische Profil rund 2 km nordwestlich des Tops die Struktur quert. Im Reflexionsprofil entspräche diese Grenzschicht teufenmäßig einer Schicht im Keuper. Berücksichtigt man die Lage der Refraktionslinie an der Struktur, so käme Muschelkalk oder Zechstein in Frage.

Am Nordrand der Scholle von Calvörde wird eine Spaltung der enggescharten Isochronen nordwestlich Brehm durch die dem Abbruch vorgelagerte Struktur verursacht. Die rasche Laufzeitabnahme beruht auf dem regionalen Anstieg des Untergrundes (refraktionsseismisch wirksam ist vor allem Muschelkalk).

Geologische Deutung

Der vertikale Profilschnitt durch die östliche Altmarksenke erfaßt zwei geologische Stockwerke, und zwar das postsalinare (plus salinares) und das präsalinare.

Beide Stockwerke besitzen einen heterogenen Bau. Während sich nach dem Verlauf des Z-Horizontes im Präsalinar ein relativ wenig gegliedertes Relief andeutet, herrscht im darüberlagernden Stockwerk die Salztektonik vor.

Die präsalinaren Gesteine sind im Norden der Altmarksenke in rund 3500 m Tiefe und im Süden (Struktur Zerben) in rund 3900 m zu erwarten. In Richtung zum Mitteldeutschen Hauptabbruch steigt das präsalinare Stockwerk staffelförmig bis auf 150 m unter die Erdoberfläche. Die erste Staffel liegt im Bereich der Struktur Brehm in 2500 m Tiefe. Die nächste fällt mit der Scholle von Calvörde zusammen. Südwestlich des Abbruches von Haldensleben erreicht das gefaltete Paläozoikum (Karbon) seine Höchstlage.

Tektonische Bewegungen, für die die starke Zerstückelung des Z-Horizontes und die parallel zum Hauptabbruch angeordneten Strukturzüge sprechen, sind die Ursache einer intensiven Salztektonik im jüngeren Stockwerk der Altmarksenke.

Die überquerten Strukturen lassen sich wie folgt deuten:

Struktur Kabelitz

Die Struktur Kabelitz ist eine Triasantiklinale mit einem Salzkissen im Zentrum. Die Antiklinale wird durch eine NW–SE streichende Störungszone in zwei Teile zerlegt. Ihr Südwestflügel wurde angehoben. Nach dem Reflexionsbild scheint das Tertiär im Bereich der Struktur stärker gestört bzw. aufgearbeitet zu sein.

Außer einer Hauptstörung konnten an der Struktur noch weitere kleinere Störungen nachgewiesen werden. Über den zeitlichen Ablauf der Herausbildung der Struktur kann nichts gesagt werden. Nach Süden setzen unter Tertiär jurassische und kretazische Sedimente ein. Es ist nicht ausgeschlossen, daß vom Jura noch jüngere Sedimente ausgebildet sind (Malm?), die möglicherweise von Unterkreide diskordant überlagert werden.

Struktur Grieben

Am Aufbau der Salzstruktur Grieben sind Paläozoikum im Kern und Mesozoikum an den Flanken und evtl. in geringer Mächtigkeit im Scheitelbereich beteiligt. Die Struktur zeigt einen asymmetrischen Bau mit längerer flacher Nordflanke. Der Südflügel liegt strukturhöher, ist kürzer und fällt steiler ein. Im Scheitelbereich ist die Tertiärbasis eingemuldet, was auf Salzauslaugungen beruhen kann. Bei der Herausbildung der Salinarstruktur (Salzaufbruch) sind tektonische Vorgänge beteiligt gewesen (zerstückelter Z-Horizont). Zahlreiche Störungen weisen auf eine komplizierte Tektonik hin, besonders im Postsalinar. In der ausgeprägten südlichen Randmulde werden die jurassischen Sedimente (Lias, Dogger, Malm?) von einer kretazischen Diskordanzfläche (T_2?) gekappt.

Das Regionalprofil überquert hier eine langgestreckte Salzachse, die sich von Viesen über Mützel, Bergzow und Grieben wahrscheinlich bis nach Demker erstreckt.

In der Mulde zwischen den Strukturen Grieben und Zerben lagern mächtige Kreidesedimente.

Struktur Zerben

Die Triasantiklinale besitzt ebenfalls eine etwas flachere Nordflanke und eine kurze steilere angehobene Südflanke. Eine kleine Einmuldung der Tertiärbasis im Strukturscheitel ist auf Auslaugungsvorgänge in dem reichlich gipsführenden mittleren Keuper zurückzuführen. Das Zentrum der Struktur wird von einem mächtigen Salzkern gebildet. Die stratigraphische Einstufung der Sedimente an der Südflanke ist noch ungeklärt (Kreide, Dogger, Lias?).

Struktur Brehm

Die Salinarstruktur Brehm lagert der Scholle von Calvörde vor und wird im Norden und Süden von Mulden (vermutlich mächtige Kreide) begleitet. Im Topbereich steht Keuper an. Während die Südflanke fast ungestört ist, haben tektonische und salztektonische Vorgänge an der Nordflanke komplizierte stratigraphisch-tektonische Verhältnisse geschaffen. Eine Mächtigkeitszunahme der Sedimente im Liegenden einer zu vermutenden kretazischen Diskordanz in Richtung auf den Nordrand der Scholle von Calvörde machen kretazische Bewegungen an der Struktur Brehm sehr wahrscheinlich. Die Struktur Brehm liegt genau in der südöstlichen Verlängerung des Gardelegener Abbruches, während der Abbruch selbst nordwestlich der Struktur nach SSE umbiegt und sich südlich Burg mit dem Haldenslebener Abbruch vereinigt. Ausgehend von den Lagerungsverhältnissen des Präsalinars, muß man die Struktur Brehm als eine lokale Vorstaffel des Gardelegener Abbruches ansehen (das Grundgebirge steigt um rund 1000 m an).

Nordflanke der Scholle von Calvörde

Unter Tertiär keilen in Richtung zur Scholle immer ältere Sedimente aus (Kreide, Jura?, Keuper und Muschelkalk). Sie werden durch Verwerfungen kleiner Amplitude gegeneinander versetzt.

Die Scholle von Calvörde, an deren Nordrand Paläozoikum bis etwa 1200 m unter NN heraufreicht, bildet eine weitere Stufe im regionalen Anstieg zum Mitteldeutschen Hauptabbruch.

Zusammenfassung

Mit dem Reflexionsprofil wurden der geologische Untergrund der Altmarksenke östlich der Elbe untersucht und die Ursachen der refraktionsseismisch gefundenen Kurzzeitengebiete geklärt.

Die Nordflanke der Scholle von Calvörde stellt nicht, wie nach der Gravimetrie angenommen, einen Abbruch (Gardelegener Abbruch) dar, sondern ähnelt mehr einer Flexur, die von kleineren Störungen begleitet wird. Die Heraushebung der Scholle von Calvörde erfolgte nach dem Reflexionsbild postkretazisch. Die Ursachen für die Entstehung der Salinarstrukturen Brehm und Grieben hängen höchstwahrscheinlich mit den tektonischen Vorgängen am Mitteldeutschen Hauptabbruch zusammen. Dafür sprechen die Lagerungsverhältnisse des Z-Horizontes, ihre räumliche Anordnung (die Strukturlinie Grieben—Bergzow—Mützel—Viesen verläuft parallel zum Hauptabbruch) und ihr Alter. Nach den Reflexionen setzt ihre Strukturbildung in der Kreide ein.

Die Triasantiklinalen Zerben (mit Salzkern) und Kabelitz (mit Salzkissen) sind älter. Der Beginn ihrer Herausbildung fällt möglicherweise in den Jura. Eine genauere zeitliche Einordnung dieser Bewegungsvorgänge ist erst nach weiteren geophysikalischen und geologischen Untersuchungen möglich.

Резюме

Профилем методом отраженных волн была исследована геология Альтмаркской впадины западнее р. Эльбы и выяснены причины областей коротких годографов, полученных методом преломленных волн.

Северное крыло глыбы Кальфёрде не представляет собой разлома (Гарделегенского разлома), как предполагалось на основе гравиметрических данных, но больше походит на флексуру, сопровождаемую более мелкими нарушениями. Процесс поднятия глыбы Кальфёрде совершился, судя по результатам измерений методом отраженных волн, в послемеловое время. Формирование салинарных структур Брем и Грибен по всей вероятности связано с тектоническими процессами в районе среднегерманского главного разлома. В пользу этого мнения говорят условия залегания горизонта Z, их пространственное расположение (структурная линия Грибен — Бергцов — Мютцель — Физен проходит параллельно с главным разломом), а также их возраст. Судя по отражениям, образование их структур начинается в меловой период.

Триасовые антиклинали Цербен (с солевым ядром) и Кабелитц (с солевой подушкой) являются более древними. Начало их образования, возможно, относится к юрскому периоду. Лишь дальнейшие геофизические и геологические исследования позволят более детальное возрастное отнесение этих тектонических процессов.

Summary

By the reflection profile in question the geological subsoil of the Old March axial depression east of the Elbe has been investigated, and the causes of short-time areas found by seismic refraction have been cleared up.

The northern flank of the Calvörde floe does not represent a break (Gardelegen break), as was supposed after the gravimetric investigation, but is rather similar to a flexure accompanied by minor disturbances. According to the reflection diagram the plucking of the Calvörde floe was of a post-Cretaceous nature. Most likely, the causes for the formation of the Brehm and Grieben salinar structures are connected with tectonic events in the Central German Main Break. Both mutual relations of the Z horizon, their spatial disposition (the structure contour Grieben — Bergzow — Mützel — Viesen runs on parallel lines with the Main Break), and their age speak in favour of this structural formation which, in conformity with the reflections, began in the Cretaceous.

The Triassic anticlines of Zerben (with salt plug) and Kabelitz (with salt cushion) are of a greater age. It is possible that the begin of their formation falls into the Jurassic. A more exact dating of these dynamic processes will only be possible after further geological and geophysical investigations.

Literatur

MARTIN, W.: Abschlußbericht über refraktionsseismische Untersuchungen im Gebiet Altmark (Burgstall). — Arch. VEB Geophysik, Leipzig (unveröff.).

MARTIN, W. & D. JANETZKY: Abschlußbericht über refraktionsseismische Untersuchungen im Gebiet Westbrandenburg (Elbe-Havelland). — Arch. VEB Geophysik, Leipzig (unveröff.).

SIEMENS, G.: Die Schwerekarte der DDR. — Freib. Forsch.-H., C 7, Akademie-Verlag, Berlin 1953.

ZEUCH, R. & S. ALBIN: Abschlußbericht über reflexionsseismische Messungen im Gebiet Salzwedel. — Arch. VEB Geophysik, Leipzig (unveröff.).

Erläuterung zur geologischen Karte Blatt Niegripp.

Ergebnisse reflexionsseismischer Übersichtsmessungen in der nordöstlichen Altmark

Mitteilung aus dem VEB Geophysik

HANS-GÜNTER REINHARDT, Leipzig

Einleitung

In den letzten Jahren setzten seismische Meßtrupps des VEB Geophysik die reflexionsseismischen Messungen vom Südrand der regionalen gravimetrischen und magnetischen Anomalien der Prignitz, über die MEINHOLD (1955/56, 1957) berichtet hat, weiter nach Süden fort. Dabei wurden auch die vor 1957 vermessenen Profile an den Strukturen Karstädt, Aulosen, Wittenberge (Geestgottberg) und Bad Wilsnack durch neue Untersuchungen mit verbesserten Meßapparaturen, Meß- und Auswertungsmethoden ergänzt und teilweise ersetzt. Die neueren Messungen erfaßten z. T. auch tiefere Schichten, als es in den früheren Jahren möglich war, und brachten zusammen mit inzwischen niedergebrachten Bohrungen des VEB Erdöl und Erdgas neue Resultate, die zur Umdeutung und Ergänzung verschiedener früherer Meßergebnisse führten.

Während KÖLBEL (1959), MEINHOLD (1959, 1960) u. a. Autoren (MEINHOLD, UNGER & WIENHOLZ 1960) einen zusammenfassenden Überblick über Untersuchungsergebnisse in größeren tektonischen Einheiten des norddeutschen Flachlandes gegeben haben, sollen hier in dem enger begrenzten Gebiet der nordöstlichen Altmark reflexionsseismische Einzelergebnisse und ihre geologische Deutung behandelt werden.

Die südliche Begrenzung dieses Gebietes ergibt sich durch den jetzigen Stand der Messungen bzw. der Auswertung (die Untersuchungen laufen weiter). Im Osten und Norden werden die Ergebnisse aus den unmittelbar an die Elbe als Grenze der Altmark anschließenden Gebieten mit herangezogen. Im Westen wird der herzynisch streichende Strukturzug von Lüge–Liesten als Begrenzung gewählt, da mit ihm eine neue tektonische Einheit mit langgestreckten Strukturen beginnt, die dem Gardelegener Abbruch parallel vorgelagert sind.

Für das gesamte Gebiet lagen vor den reflexionsseismischen Arbeiten die Ergebnisse magnetischer (LAUTERBACH 1954), gravimetrischer (SIEMENS 1953) und refraktionsseismischer (THOMAS 1960) Regionalmessungen sowie einige ältere Drehwaagemessungen und vereinzelt neuere refraktionsseismische Messungen vor. Die reflexionsseismischen Untersuchungen begannen 1953; die vor 1957 liegenden wurden jedoch später durch neuere Messungen ersetzt bzw. im Zusammenhang mit Ergänzungsmessungen neu ausgewertet. Der größte Teil der Meßarbeiten fand 1957 bis 1959, teilweise noch 1960 statt; die Berichte über die einzelnen Strukturen wurden vor allem in den Jahren 1959 bis 1961 fertiggestellt.

Zur Zeit liegt — bis auf wenige Ausnahmen dichterer Messungen — ein reflexionsseismisches Profilnetz mit etwa 3—5 km durchschnittlichem Profilabstand vor. Es sollte der Erkundung des geologischen Baus der

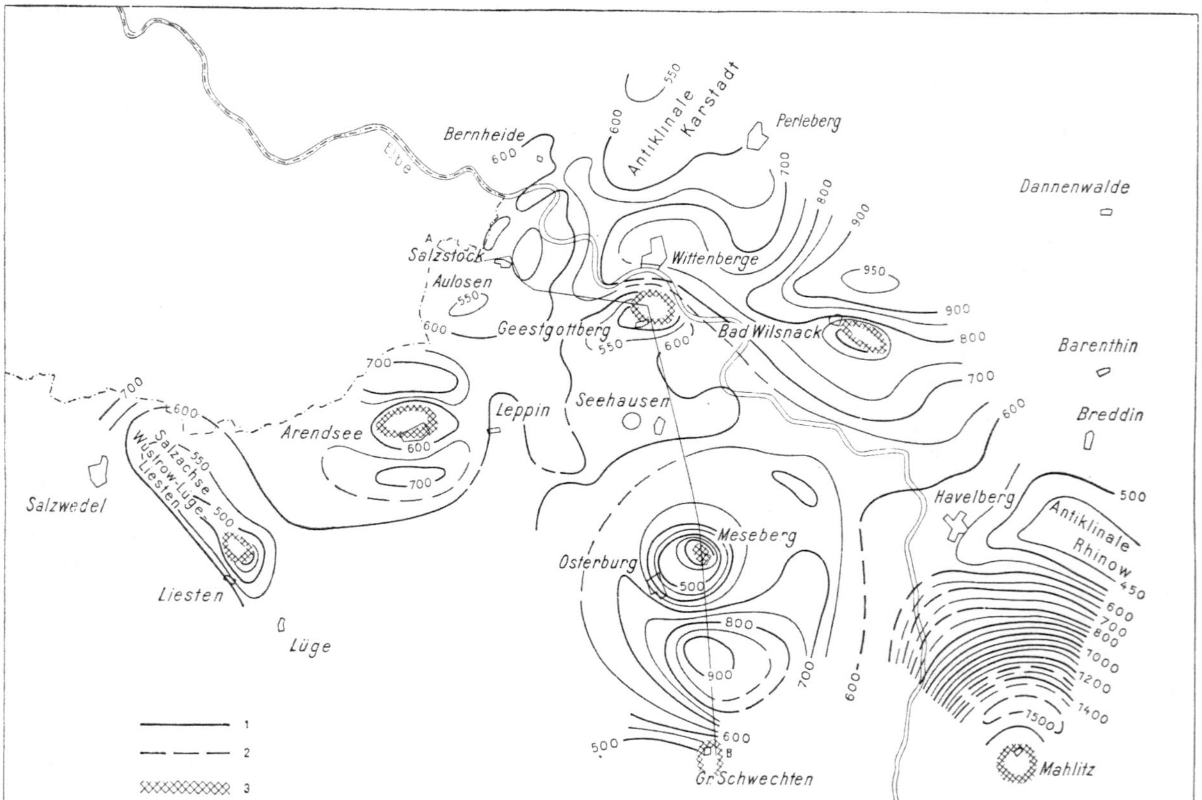

Abb. 1. Tiefenlinienplan des Reflexionshorizontes T_1 (etwa Tertiärbasis) in m unter NN
1 — sichere Tiefenlinien, 2 — fragliche bzw. extrapolierte Tiefenlinien, 3 — Randzone eines Salzstockes

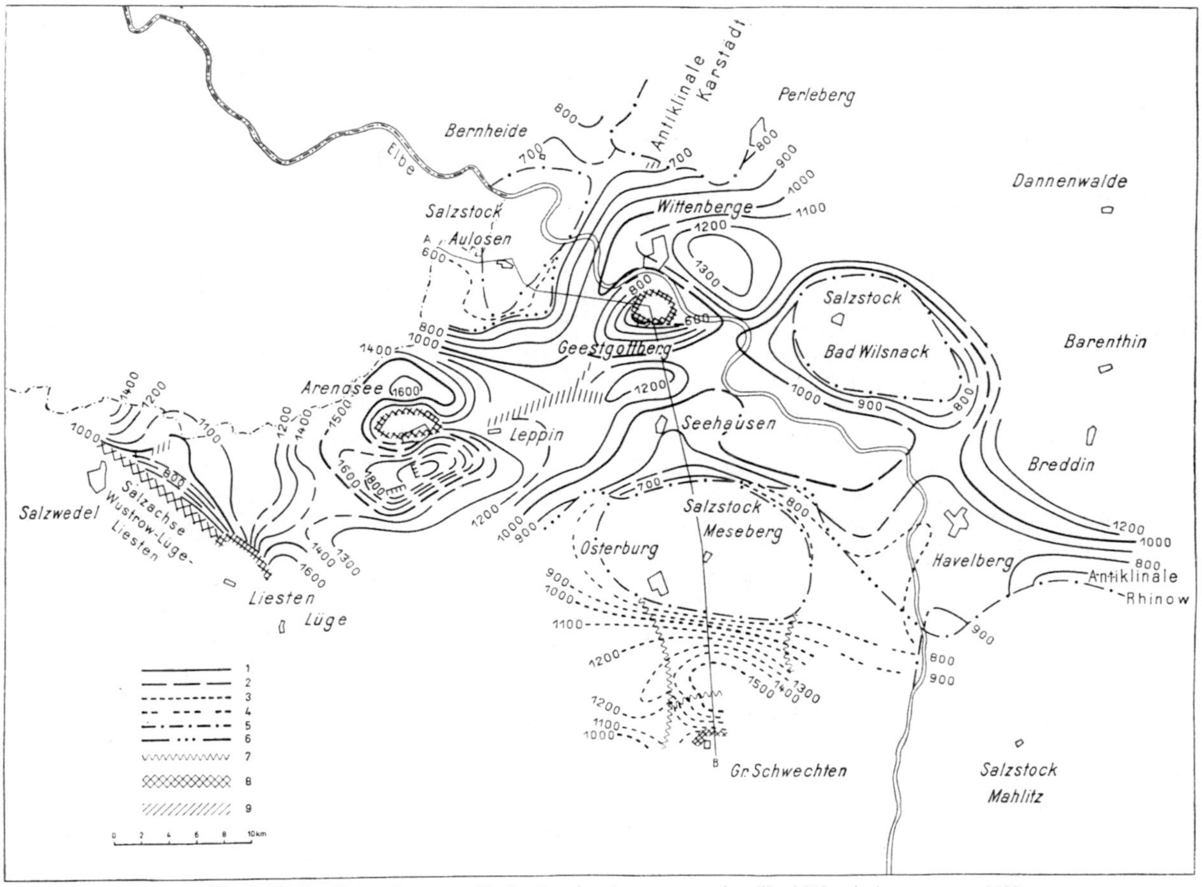

Abb. 2. Tiefenlinienplan von Reflexionshorizonten an der Kreidebasis in m unter NN

1 — sichere Tiefenlinien des Reflexionshorizontes T_2 (etwa Wealdenbasis), 2 — fragliche bzw. extrapolierte Tiefenlinien des Reflexionshorizontes T_2 (etwa Wealdenbasis), 3 — sichere Tiefenlinien von Reflexionshorizonten an der Basis der marinen Unterkreide, 4 — fragliche bzw. extrapolierte Tiefenlinien von Reflexionshorizonten an der Basis der marinen Unterkreide, 5 — Linie des Auskeilens unter Tertiär, 6 — Linie des Auskeilens von T_2 an mariner Unterkreide, 7 — Begrenzung verschiedener Reflexionshorizonte an der Basis der marinen Unterkreide, 8 — Randzone eines Salzstockes, 9 — Störungszone

verschiedenen Strukturen dienen, die meist durch refraktionsseismische Messungen der Geophysikalischen Reichsaufnahme als Kurzzeitengebiete festgestellt worden waren. Diese Übersichtsmessungen bilden zusammen mit Strukturbohrungen und ersten Erkundungsbohrungen, die die geologische Deutung der seismischen Meßergebnisse ermöglichten, die Grundlage für weitere seismische und geologische Erkundungsarbeiten bei der Erdöl- und Erdgaserkundung.

Meß- und Auswertungsmethoden

Die reflexionsseismischen Profile wurden — soweit es das Gelände zuließ — als konzentrische Radialprofile auf den Strukturen mit Verbindungsprofilen zu den Nachbarstrukturen angelegt und durch ein System von Ring- und Korrelationsprofilen miteinander verbunden. Der Schußpunktabstand betrug bei den neueren Messungen in der Regel 500 m (24 Gruppen zu je drei Seismographen, 20 m Abstand, Gegenschußprinzip). Bei ungünstigen Oberflächenverhältnissen und vor allem bei steilen Strukturflanken wurden die Abstände bis auf die Hälfte reduziert. Zahlreiche Weitaufstellungen bis etwa 1000 m Aufstellungsweite dienten der reflexionsseismischen Geschwindigkeitsbestimmung. Es standen nur wenige seismisch vermessene Tiefbohrungen zur Verfügung.

Die angewendeten Auswertungsmethoden sind aus dem Exkursionsführer Brandenburg (REINHARDT 1960) ersichtlich. Die auf NN reduzierten Laufzeiten wurden bis 2000 m Tiefe mit ortsveränderlicher Geschwindigkeitsverteilung und darunter mit einer einheitlichen Schichtgeschwindigkeit von 4000 m/s (REINHARDT 1959) in Tiefen umgerechnet. In über 2000 m Tiefe kann ein Tiefenfehler von etwa 10% angenommen werden. Mehrfachreflexionen störten die Auswertung nur in kleinen Teilgebieten.

Die geologische Deutung der reflexionsseismischen Leithorizonte erfolgte teils mit Hilfe verschiedener Tiefbohrungen, von denen für Anschlußzwecke die Bohrung Seehausen 1 in der Mulde zwischen den Salzstöcken Wittenberge und Meseberg (s. Abb. 6) die wichtigste ist, teils durch Vergleich mit anderen Meßgebieten (Schwingungsbild, Diskordanzen usw.).

Meßergebnisse

Als Leithorizonte wurden verfolgt:

A	im Tertiär (wahrscheinlich im Obereozän)
T_1	etwa Tertiärbasis
T', T''	Diskordanzflächen in der Kreide (T' wahrscheinlich Albtransgression)
C, D	in der marinen Unterkreide (D etwa Basis Hauterive)
T_2	etwa Wealdenbasis
E	im Malm (Korallenoolith des Oxford)
DB	Doggerbasis (Phantomhorizont)
L	im Lias (etwa Lias alpha bis beta)
K	im Mittleren (?) Keuper
M_1, M_2, S	charakteristisches Band von 3 Reflexionshorizonten (M_1 etwa Oberer Muschelkalk, M_2 im Unteren (?) Muschelkalk, S im Oberen Buntsandstein)
Z	im Präsalinar (wahrscheinlich in der Nähe der Zechsteinbasis)

Von den Leithorizonten T_1, T_2 (teilweise andere Horizonte in der marinen Unterkreide), E, S und Z wurden Tiefenlinienpläne konstruiert, die den Bau der verschiedenen geologischen Stockwerke veranschaulichen.

T_1 — etwa Tertiärbasis (Abb. 1): Die Tertiärbasis ist meist als guter Reflexionshorizont und oft als deutliche Diskordanzfläche zu verfolgen und liegt im Mittel etwa 600 m unter NN. Aufwölbungen und Randsenkenbildungen zeigen, daß die meisten Strukturen noch tertiäre Bewegungen aufweisen. Die Hauptrichtungen der Salzwanderung erkennt man aus der relativen Lage der Randsenken zu den Strukturen, z. B. bei der nördlichen und südlichen Randsenke des Salzstockes Arendsee und der schwach ausgebildeten nördlichen Randsenke von Wittenberge (Geestgottberg). Der tiefe Salzstock Aulosen bildet sich im Tertiär kaum ab. Die Salzzufuhr zum Salzstock Bad Wilsnack erfolgte vorwiegend von Norden. Besonders deutlich ist der Zusammenhang von Salzaufstieg und Randsenkenbildung an der Struktur Meseberg zu sehen, an der die Aufwölbung der Tertiärbasis (vielleicht auch der Durchbruchsschlot des kleinen Salzstockes?) durch eine Randsenke südlich der Struktur kompensiert wird. Diese Randsenke fällt auch ungefähr mit dem Schwereminimum von Osterburg zusammen. Das markanteste Beispiel tertiärer Salzbewegungen ist der Salzstock Mahlitz mit seiner 1500 m tiefen Tertiärrandsenke. Die relative Hochlage der Tertiärbasis im Raum Rhinow–Havelberg und — nach Süden umbiegend — zwischen Groß Schwechten und Mahlitz fällt mit kürzeren refraktionsseismischen Laufzeiten zusammen.

Kreidebasis (Abb. 2): Bis auf das Gebiet Meseberg–Groß Schwechten und einen kleinen Bereich südlich des Salzstockes Aulosen, in denen Wealden fehlt, sind die Tiefenlinien der Wealdenbasis T_2 dargestellt. Die Wealdenbasis reflektiert nur teilweise, ist aber oft als deutliche Diskordanzfläche zu erkennen. Kreideablagerungen reichen nicht bis an die Salzstöcke Meseberg, Bad Wilsnack und Mahlitz und an die Ostflanke von Wittenberge heran. Auch über den Strukturen Aulosen und Karstädt ist keine geschlossene Kreidedecke vorhanden. Von dem Salzstock Lüge–Liesten aus läuft eine tiefe Salzachse mit herzynischem Streichen in Richtung auf den Salzstock Wustrow auf westdeutschem Gebiet. Am Salzstock Arendsee sind eine tiefere südliche und eine weniger tiefe nördliche Kreiderandsenke vorhanden (teilweise Oberkreide), der Salzstock Wittenberge (Geestgottberg) besitzt eine südliche und eine nordöstliche Kreiderandsenke. Die Muldenfüllung der nördlichen Randsenke von Groß Schwechten besteht aus mariner Unterkreide und vor allem aus Oberkreide. Die Kreidebasis wird hier von verschiedenen Horizonten der marinen Unterkreide gebildet.

E — Korallenoolith im Oxford (Abb. 3): Dieser Malmhorizont reflektiert meist sehr kräftig. Sein Verlauf charakterisiert den tiefsten Bereich der Juramulde (Dogger und Lias haben selbstverständlich ein wesentlich größeres Verbreitungsgebiet, es fehlen jedoch über größere Strecken verfolgbare Leithorizonte). Malm keilt überall in größerer Entfernung von den Salzstöcken aus, und zwar vorwiegend an der Kreide- bzw. Wealdenbasis, nur an den Flanken der Strukturen Bad Wilsnack und Mahlitz an der Tertiärbasis. Randsenkenbildungen sind vor allem nordwestlich Bad Wilsnack und zwischen Bad Wilsnack und Meseberg zu erkennen. Im westlichen Teil des behandelten Gebietes fehlt Malm vollständig.

S — im oberen Buntsandstein (Abb. 4): Der Leithorizont S ist der tiefste und in der Regel der am besten reflektierende des Dreierbandes M_1, M_2, S und im oberen Buntsandstein anzunehmen. Er wurde im Berichtsgebiet noch nicht erbohrt. In Nordwestmecklenburg ist er ebenfalls charakteristisch ausgebildet und liegt dort nach Bohrergebnissen im Röt. Damit dürfte er auch dem von ELBERSKIRCH (1952) in Nordwestdeutschland mit „W“ bezeichneten Leithorizont entsprechen. Dieser Triashorizont veranschaulicht sehr gut den tieferen Unterbau der Strukturen. Er reflektiert ebenso wie M_1 und M_2 besonders gut an den Strukturflanken, wesentlich schlechter in den Mulden. Von der vorherrschend herzynischen Streichrichtung im Bereich der Struktur Lüge–Liesten bzw. ihrer nordwestlichen Fortsetzung biegen

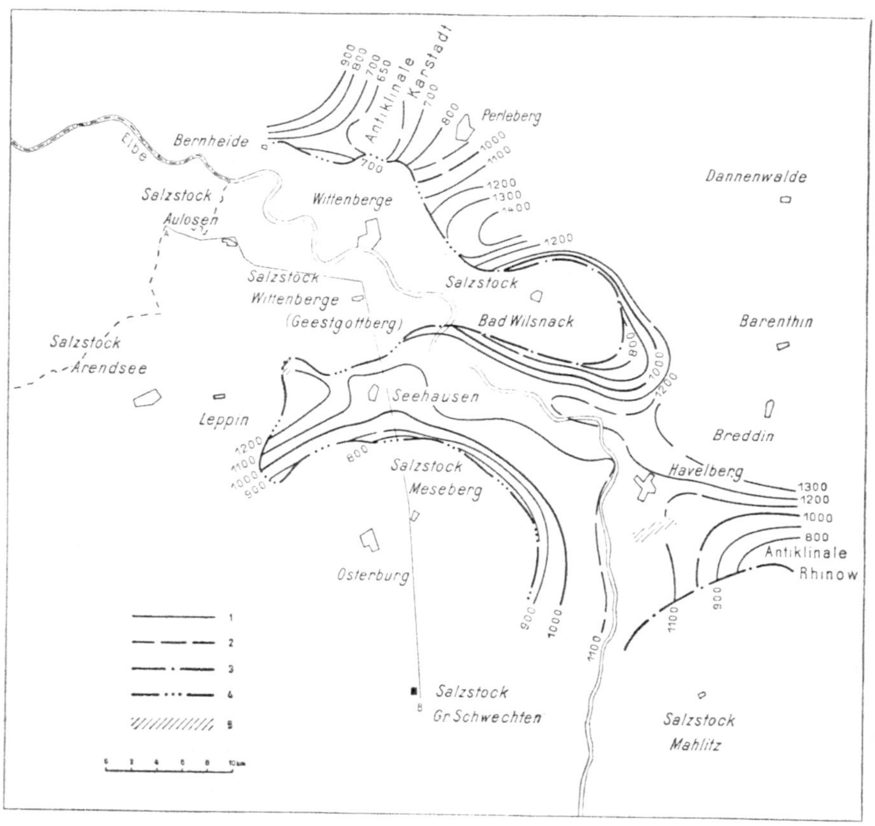

Abb. 3. Tiefenlinienplan des Reflexionshorizontes E (etwa Korallenoolith des Oxford) in m unter NN

1 — sichere Tiefenlinien, 2 — fragliche bzw. extrapolierte Tiefenlinien, 3 — Linie des Auskeilens unter Tertiär, 4 — Linie des Auskeilens unter Kreide, 5 — Störungszone

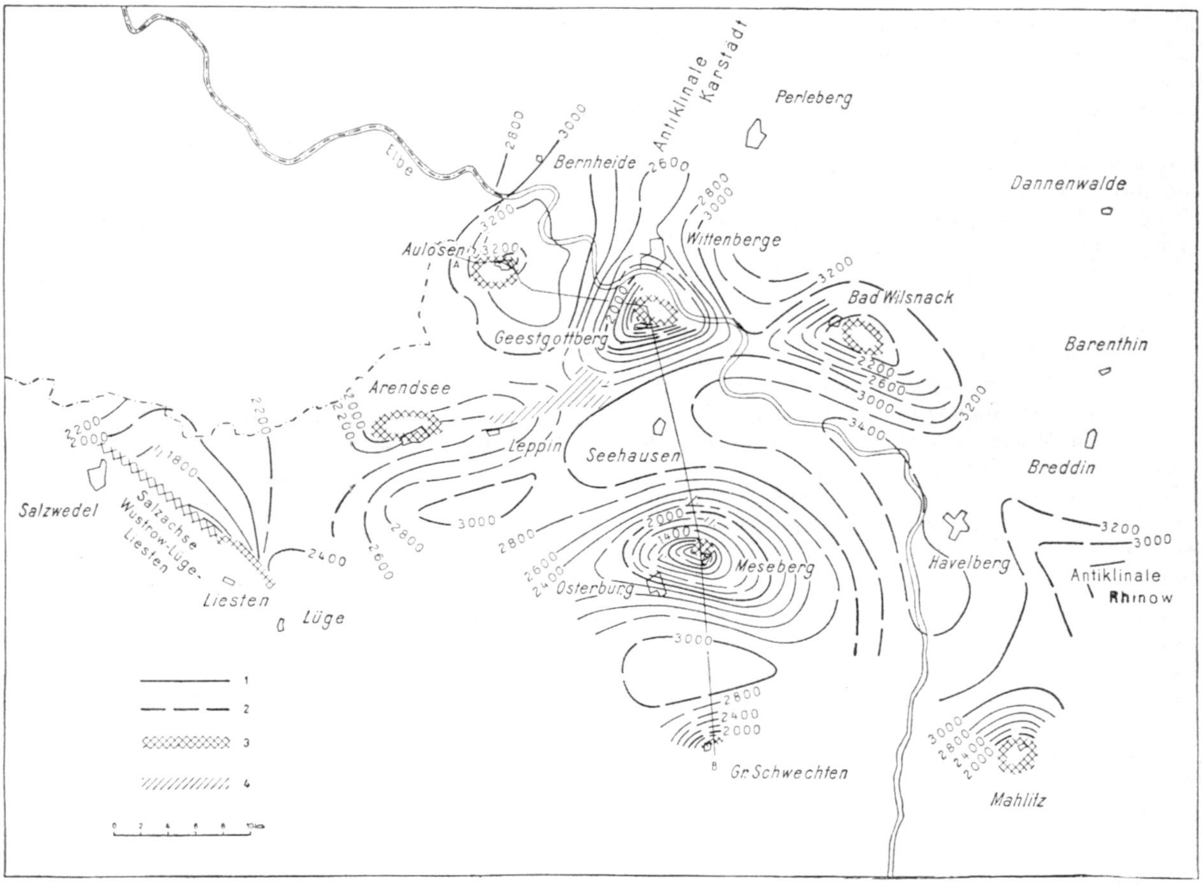

Abb. 4. Tiefenlinienplan des Reflexionshorizontes S (im Oberen Buntsandstein) in m unter NN
1 — sichere Tiefenlinien, 2 — fragliche bzw. extrapolierte Tiefenlinien, 3 — Randzone eines Salzstockes, 4 — Störungszone

die Tiefenlinien im Bereich der Struktur Arendsee in die erzgebirgische Richtung um. Beiderseits der deutlich ausgebildeten Strukturachse Arendsee–Wittenberge mit einer Störungszone im Streichen erkennt man tiefe Absenkungen. Die vergrößerte Salzmächtigkeit in dieser Strukturachse erklärt auch die gravimetrische Minusachse, die mit ihr zusammenfällt. Die südöstlich parallel laufende Plusachse ergibt sich aus der Kontrastwirkung (Minusachse im NW, Schwereminimum von Osterburg im SE, siehe T_1). Der Salzstock Aulosen ist mitten in einer tiefen Mulde der Muschelkalk- und Buntsandsteinablagerungen aufgestiegen und weist nur an der Nordostflanke in diesem Tiefenbereich eine Aufschleppung auf. Er hängt also nicht mit der Struktur Wittenberge (Geestgottberg) zusammen (vgl. auch Abb. 6). Von der großen Aufwölbung von Wittenberge laufen weitere tiefe Strukturachsen nach Norden in Richtung Karstädt und nach Osten in Richtung Bad Wilsnack. Letztere setzt sich über die Gegend von Havelberg weiter zur Antiklinale von Rhinow fort. Die Struktur Meseberg stellt eine große Triasaufwölbung dar. Ihre westliche Fortsetzung ist noch offen. Auch in Richtung auf die Strukturen Groß Schwechten und Mahlitz ist ein kräftiger Anstieg der Triasschichten zu erkennen. Auffällig ist, daß die relativ kleinen Salzstöcke Wittenberge und Meseberg nicht das Zentrum der großen Aufwölbungen bilden, sondern etwas nach NE verschoben sind.

Z — im Präsalinar, wahrscheinlich in der Nähe der Zechsteinbasis (Abb. 5): Dieser tiefe Reflexionshorizont charakterisiert das präsalinare Stockwerk (REINHARDT 1959), das nicht mehr durch die Salztektonik beeinflußt ist und nur ein flaches Relief aufweist. Die durchschnittlichen Tiefen liegen um 4000 m. Nach Nordwesten und Westen zeigt sich der Anstieg zur Schwellenzone zwischen Südwestmecklenburg und der Altmark, nach Nordosten das Absinken zur Prignitzsenke. Zwischen beiden Elementen ist eine schwach ausgeprägte, etwa N–S streichende Hochlage zu erkennen, die von der Gegend westlich Wittenberge/Geestgottberg in das Gebiet südwestlich Meseberg verläuft. Im Bereich einiger Salzstrukturen deuten sich schwache Aufwölbungen an (sie sind nach den reinen Laufzeitmessungen noch stärker ausgeprägt). Es kann sein, daß sie nicht reell sind, da die Zunahme der Salzmächtigkeit horizontale Geschwindigkeitsveränderungen bewirkt. Diese konnten jedoch nicht berücksichtigt werden, da unterhalb von 2000 m Tiefe bisher noch keine sicheren Geschwindigkeitswerte vorhanden sind und überall mit einer einheitlichen Schichtgeschwindigkeit von 4000 m/s ausgewertet wurde.

Der Profilschnitt A–B (Abb. 6) durch die nordöstliche Altmark zeigt an vier Beispielen den unterschiedlichen Typ und die unterschiedliche Entstehungsgeschichte der Salzstrukturen und einen Vergleich mit den regionalen gravimetrischen und refraktionsseismischen Ergebnissen.

Der Salzstock Aulosen liegt in einer tiefen Einmuldung der Trias (Buntsandstein, Muschelkalk, unterster Keuper). Die Keupermächtigkeit von weit über 1500 m (der Keuper beginnt 50—100 m unter dem Horizont L) stellt eine lokale Anomalie dar und wurde wahrscheinlich durch die Bildung einer primären Randsenke während des Salzkissenstadiums der umgebenden Salzstöcke, vor allem Gorleben–Rambow (TRUSHEIM 1957, S. 128) und Wittenberge, verursacht. Wahrscheinlich hat die Bildung der primären Randsenke in diesem Raum noch bis in den Dogger angehalten. Andererseits muß aber im Zentrum dieser Senke noch genügend Salz erhalten geblieben sein, das zum Aufstieg des Salzstockes Aulosen selbst ausgereicht hat. Dieser Salzaufstieg überlagerte die Bildung der primären Randsenke und komplizierte den geologischen Bau der Struktur. Andeutungen einer sekundären Randsenke finden sich westlich des Salzstockes im Lias und Keuper. Der Salzstock ist noch von geringmächtigem Keuper und Lias bedeckt. In größeren Tiefen ist die Begrenzung des Salzstockes sehr unsicher. Im Westen erkennt man den Anstieg des Z-Horizontes in Richtung zur Altmark–Südwestmecklenburg-Schwelle. Refraktionsseismisch bildet sich Aulosen als schwach ausgeprägtes Kurzzeitengebiet ab. Gravimetrische Strukturhinweise sind nicht zu erkennen.

Ganz anderer Entstehung ist der Salzstock Wittenberge (Geestgottberg), der als ausgeprägtes refraktionsseismisches Kurzzeitengebiet und als schwaches gravimetrisches Minimum in Erscheinung tritt. Sein Salzkissenstadium beginnt im Keuper (primäre Randsenke im Gebiet Aulosen, s. o.) und reicht wohl noch bis zum Malm. Eine eindeutige Trennung der primären Randsenken von Wittenberge und Meseberg ist nicht möglich. Überhaupt fehlen auf diesem Profil ganz typisch ausgebildete „Schildkrötenstrukturen" zwischen den Salzstöcken. Das Diapirstadium setzte im Wealden ein und hielt über die marine Unterkreide an (deutliche sekundäre Randsenken beiderseits der Struktur). Oberkreide ist nicht vorhanden. Im Tertiär findet sich nur noch eine untergeordnete Randsenkenbildung, vor allem nördlich des Salzstockes, also in der Abb. nicht zu sehen. Auffällig ist die in der Mitte eingemuldete Oberfläche des Salzstockes.

Der Salzstock Meseberg ist wesentlich kleiner als der von Wittenberge. Eindeutige Aussagen über das Salzkissenstadium sind nicht möglich, da sich die primären Randsenken mit denen von Wittenberge und Groß Schwechten überlagern. Auf jeden Fall hat das Salzkissenstadium noch bis ins Tertiär angehalten. Die Aufwölbung der Tertiärbasis in der Umgebung des Salzstockes wird durch eine primäre (?) Tertiärrandsenke südlich der Struktur kompensiert. Meseberg stellt eine große Aufwölbung mit einem kleinen, sehr jungen Salzstock dar, der sich als Geländeerhebung in der flachen Elbniederung abhebt. Es ist nicht sicher, ob auch der Aufstieg dieses kleinen Diapirs durch die Tertiärrandsenke südlich der Struktur kompensiert wird. Eine eigentliche sekundäre Randsenke in Strukturnähe ist jedenfalls aus den seismischen Meßergebnissen nicht zu erkennen.

Das refraktionsseismische Kurzzeitengebiet von Meseberg hat eine wesentlich größere Ausdehnung als der Salzstock. Die Ursache dafür ist der starke Anstieg der Triasschichten, vor allem des schallharten Muschel-

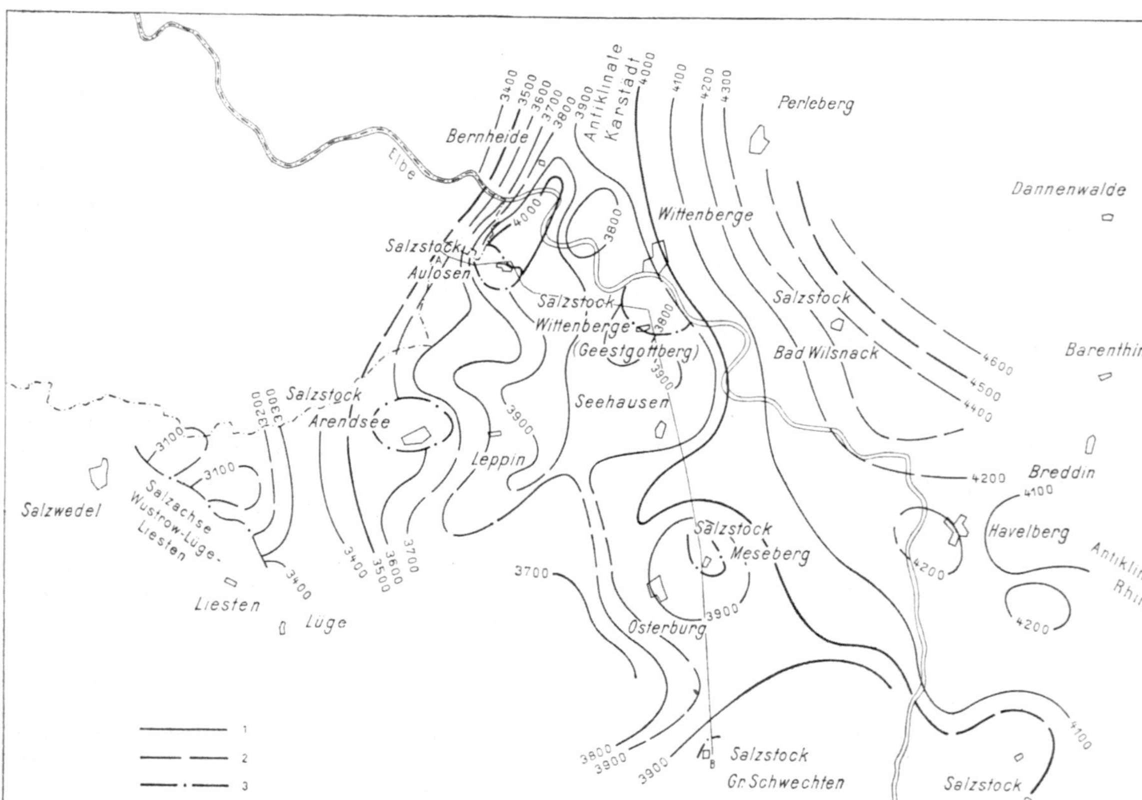

Abb. 5. Tiefenlinienplan des Reflexionshorizontes Z (im präsalinaren Zechstein?) in m unter NN

1 – sichere Tiefenlinien, 2 – fragliche bzw. extrapolierte Tiefenlinien, 3 – Aufhören des Reflektors in Salzstocknähe

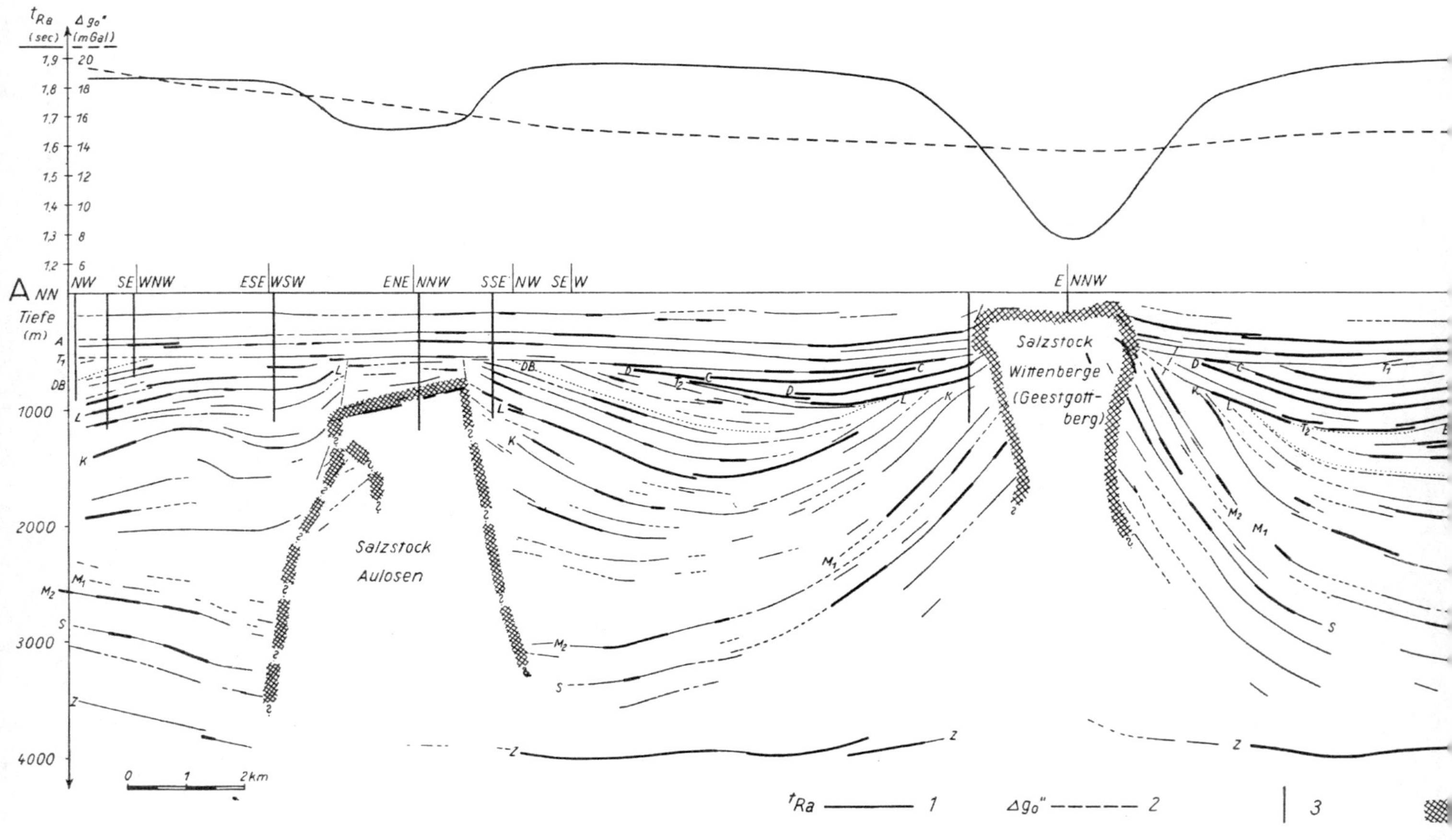

Ab

1 — Refraktionsseismische Laufzeiten für 4 km Grundentfernung, 2 — BOUGUER-Schwerestörung, 3 — Tiefbohrung, 4 — Salzstock-Randzone

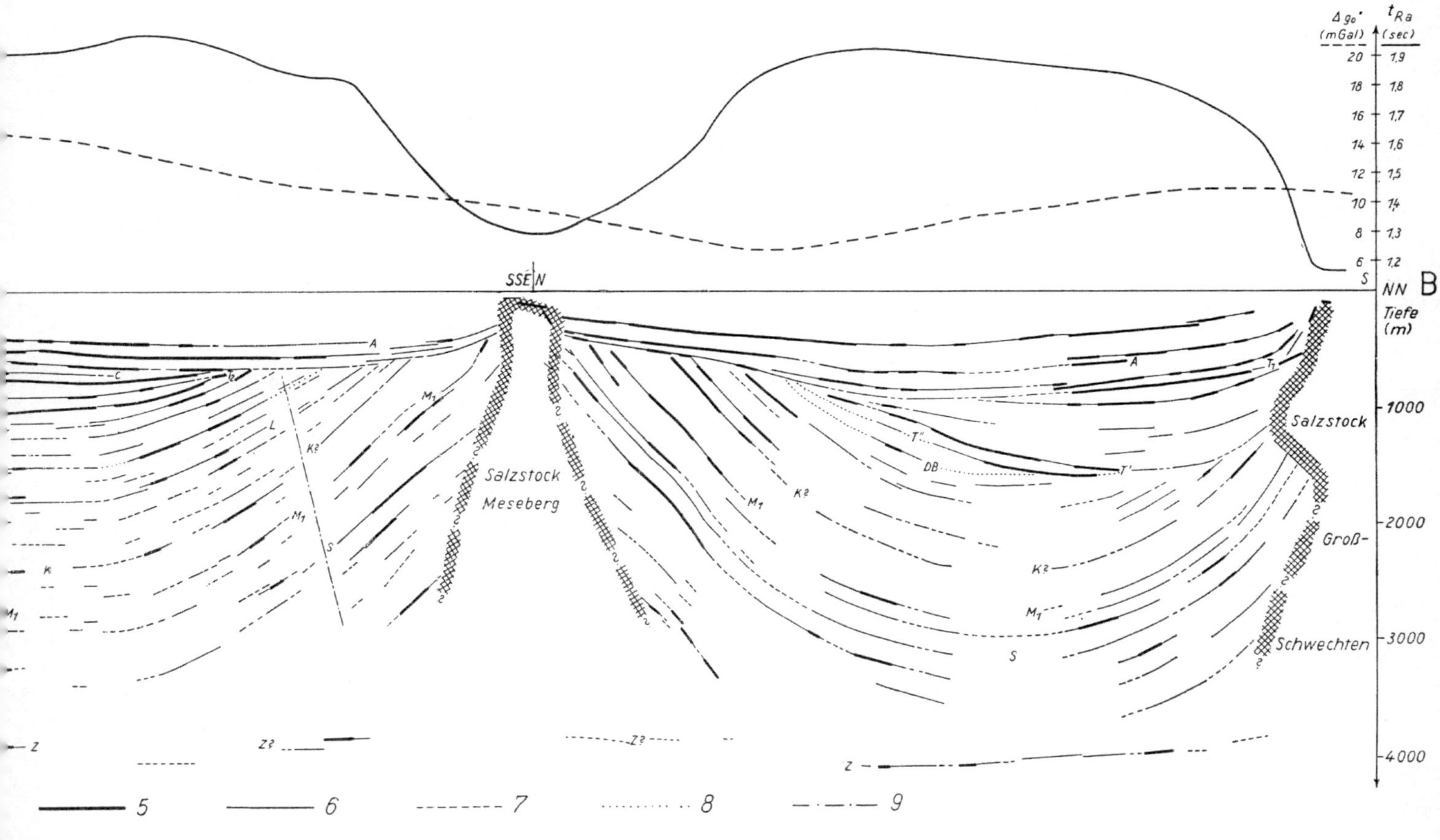

c Reflexionshorizont, 6 — sicherer Reflexionshorizont, 7 — fraglicher Reflexionshorizont, 8 — Phantomhorizont, 9 — vermutete Störungszone

kalkes, der in einem größeren Umkreis um die Struktur in die Tiefenreichweite der refraktionsseismischen Streuermessungen kommt und dadurch die Verkürzung der refraktionsseismischen Laufzeiten auch außerhalb des eigentlichen Salzstockes bewirkt. Der etwas größere Isochronenabstand an der Südflanke wird dadurch erklärt, daß die Muschelkalkschichten südlich des Salzstockes höher herausgehoben sind als nördlich und dementsprechend erst in etwas größerer Entfernung vom Salzstock die Tiefenreichweite überschreiten. Die Schweremessungen ergeben ein Minimum etwa zwischen dem Salzstock und dem Muldentiefsten der Tertiärmulde südlich Meseberg. Wahrscheinlich überlagern sich hier die Wirkungen der Salzmassen in der Struktur und der mächtigen Gesteinsserien mit geringer Dichte in der Tertiärsenke.

Der Salzstock Groß Schwechten wurde bisher nur durch zwei Profile von Norden und Westen erreicht. Es können daher noch keine näheren Angaben über seine Entstehungsgeschichte gemacht werden. Auf jeden Fall zeigt eine sehr deutlich ausgebildete sekundäre Randsenke, daß der Durchbruch des Diapirs in der marinen Unterkreide begann und im wesentlichen in der Oberkreide erfolgte. Diese sekundäre Kreiderandsenke liegt unter der Tertiärrandsenke von Meseberg. Der Salzstock ist ein markantes refraktionsseismisches Kurzzeitengebiet, gravimetrisch jedoch nicht zu erkennen.

Vergleicht man die reflexionsseismischen Ergebnisse mit den regionalen magnetischen, gravimetrischen und refraktionsseismischen Ergebnissen, so ist immer wieder festzustellen, daß die magnetischen und zum großen Teil auch die gravimetrischen Anomalien ihre Ursachen im Grundgebirge haben, das durch die seismischen Messungen nicht erfaßt wird. Über die Zusammenhänge zwischen den Strukturen des Sedimentgebirges und den gravimetrischen und magnetischen Anomalien im Bereich der Prignitz berichteten Meinhold (1955/56, 1957) und Reinhardt (1959). Die lokale Übereinstimmung von seismischen Strukturen und gravimetrischen Anomalien wurde bereits bei der Behandlung der einzelnen Strukturen erwähnt. Das gleiche gilt für die Gegenüberstellung reflexionsseismischer und refraktionsseismischer Resultate.

Das Beispiel der nordöstlichen Altmark charakterisiert die vom VEB Geophysik in den letzten Jahren durchgeführten reflexionsseismischen Übersichtsmessungen und den gegenwärtigen Erkundungsstand im Salzstockgebiet der Altmark, in Mecklenburg und Brandenburg, die die Grundlage für weitere speziellere Arbeiten und die Ausdehnung der Übersichtsmessungen in noch nicht untersuchte Gebiete bilden.

Zusammenfassung

Als Ergebnis reflexionsseismischer Übersichtsmessungen in der nordöstlichen Altmark und den angrenzenden Gebieten werden mehrere Tiefenlinienpläne vorgelegt. Die Leithorizonte T_1 (etwa Tertiärbasis), Kreidebasis (vorwiegend Wealdenbasis T_2, teilweise verschiedene Horizonte der marinen Unterkreide), E (Korallenoolith im Oxford), S (im Oberen Buntsandstein) und Z (im präsalinaren Zechstein) charakterisieren den Bau der verschiedenen geologischen Stockwerke des Untergrundes bis etwa 4000 m Tiefe. Ein reflexionsseismisches Profil durch die Salzstöcke Aulosen, Wittenberge, Meseberg und Groß Schwechten zeigt den unterschiedlichen Typ und die unterschiedliche Entstehungsgeschichte der Salzstrukturen und einige Zusammenhänge mit den Ergebnissen der refraktionsseismischen und gravimetrischen Regionalmessungen.

Резюме

Предлагаются несколько планов горизонтов как результат региональных измерений методом отраженных волн в северовосточном Альтмарке и в смежных районах. Опорные горизонты, а именно: T_1 (примерно основание третичных отложений), основание мела (преимущественно основание вельда T_2, отчасти различные горизонты морского нижнего мела), E (коралловый оолит в оксфорде), S (в верхнем пестром песчанике) и Z (в досалинарном цехштейне) характеризуют строение разных геологических этажей до глубины в 4000 м. Профиль методом отраженных волн, охвативший соляные куполы Аулозен, Виттенберге, Мезеберг и Гросс-Швехтен, обнаруживает различный тип и различную историю формирования соляных структур и указывает на некоторые связи с результатами региональных гравиметрических съемок и измерений методом преломленных волн.

Summary

As a result of reflection seismic reconnaissance surveys carried out in the north-eastern Altmark and adjacent areas several depth contour maps are presented. Key horizons as T_1 (approximately base of Tertiary), base of Cretaceous (for the most part base of Wealden T_2, partially different horizons of the marine Lower Cretaceous), E [coral oolite in the Oxfordian], S (in the Upper New Red Sandstone) and Z (in the presalinar Zechstein), characterize the subsoil structure of different geological layers down to depths of nearly 4,000 metres. A reflection seismic section across the salt plugs of Aulosen, Wittenberge, Meseberg and Groß Schwechten shows the various types and genetic histories of the salt structures, as well as some relations referred to results obtained by regional refraction seismic and gravity surveys.

Literatur

Elberskirch, W.: Reflexionsseismische Fernkorrelierungen in der Trias Nordwestdeutschlands. – Erdöl u. Kohle, 5, S. 404–407 (1952).

Kölbel, H.: Stand und Ergebnisse der Kartierung des tieferen Untergrundes Nordostdeutschlands und angrenzender Gebiete. – Ber. geol. Ges. DDR, 4, S. 115–156 (1959).

Lauterbach, R.: Beiträge zur tektonischen Deutung der geomagnetischen Übersichtskarte der DDR. – Wiss. Z. Karl-Marx-Univ. Leipzig, 3, math.-nat.-wiss. R., H. 3, S. 271–279 (1954).

Meinhold, R.: Ergebnisse reflexionsseismischer Messungen im Bereiche der geophysikalischen Anomalien der Prignitz. – Wiss. Z. Karl-Marx-Univ. Leipzig, 5, math.-nat.-wiss. R., H. 4, S. 447–455 (1955/56).

– Der Untergrund von Mecklenburg und der Prignitz und die Frage der Pompeckj'schen Schwelle. – Ber. geol. Ges. DDR, 2, S. 138–147 (1957).

– Salzbewegung und Tektonik in Norddeutschland. – Ber. geol. Ges. DDR, 4, S. 157–168 (1959).

– Der geologische Bau und die Erdöl- und Erdgasführung der Deutschen Demokratischen Republik und der angrenzenden Gebiete des Norddeutschen Flachlandes. – Geologie, 9, Beih. 27, S. 1–66 (1960).

Meinhold, R., E. Unger & R. Wienholz: Neue Erkenntnisse über den prätertiären Untergrund des Flachlandgebietes der Deutschen Demokratischen Republik. – Rep. Int. Geol. Congr., XXI. Sess., Part XI, Copenhagen 1960, S. 87–100.

Reinhardt, H.-G.: Korrelation eines vermutlich an der Zechsteinbasis liegenden reflexionsseismischen Horizontes im Nordwestteil der Deutschen Demokratischen Republik. – Ber. geol. Ges. DDR, 4, S. 169–177 (1959).

– Seismische Erkundungsarbeiten in Westbrandenburg. – Exkursionsführer Brandenburg der Geol. Ges. DDR, S. 197–204, Berlin 1960.

Siemens, G.: Die Schwerekarte der DDR. – Freiberger Forsch.-H., C 7, S. 21–29, Akademie-Verlag, Berlin 1953.

Thomas, E.: Strukturelemente im Norden der Deutschen Demokratischen Republik nach den Ergebnissen seismischer Refraktionsmessungen. – Rep. Int. Geol. Congr., XXI. Sess., Part II, Copenhagen 1960, S. 189 bis 199.

Trusheim, F.: Über Halokinese und ihre Bedeutung für die strukturelle Entwicklung Norddeutschlands. – Z. deutsch. geol. Ges., 109, S. 111–158 (1957).

Zahlreiche unveröffentlichte Berichte des VEB Geophysik, Leipzig.

Zeitschrift für angewandte Geologie (1961) Heft 6

Nachweis eines bisher unbekannten Teiles des Roteisenerzlagers am Südrand des Büchenbergsattels durch erdmagnetische Messungen

Mitteilung aus dem VEB Geophysik

HELLMUTH SÄRCHINGER & GERALD PESCHEL, Leipzig

1. Einleitung

Gleichzeitig mit der erdmagnetischen Untersuchung der Roteisenerzvorkommen des Lahn-Dill-Gebietes durch KAEMMERER (1929) und durch KEGEL (1929) wurden im Harz die Roteisenerzlager des Elbingeröder Komplexes magnetisch untersucht (REICH 1929, REICH & WOLFF 1929, WOLFF 1933). Wichtigstes Ergebnis dieser Arbeiten war der Nachweis der relativ kräftigen magnetischen Wirkung des Roteisenerzes, die auf den teilweise reichlich vorhandenen Magnetit zurückzuführen ist.

Während nun in den folgenden Jahren im Lahn-Dill-Gebiet Spezialmessungen zur Erkundung der Roteisenlager einsetzten (LAUTERBACH 1943), wurden die Lager im Harz zunächst nicht eingehender vermessen. Erst in den Jahren 1954 — 1956 kam es zu erdmagnetischen Arbeiten im Elbingeröder Komplex. Diese bestanden aus Messungen mit verschiedenen Profil- und Stationsdichten und sind vom VEB Geophysik, Leipzig, der Staatlichen Geologischen Kommission der Deutschen Demokratischen Republik ausgeführt worden. Hierzu gehört eine Übersichtsmessung im Gebiet des Büchenbergsattels (SÄRCHINGER & POHLERS 1957, SÄRCHINGER 1959). Sie erbrachte am Südrand des Büchenbergsattels eine positive Anomalie, deren Lage, Form und beträchtliche Störwerthöhe einen bisher unbekannten Lagerteil als Ursache vermuten ließen.

Die Ergebnisse der weiteren Untersuchung der Anomalie werden im folgenden vorgelegt.

2. Geologische Situation des Untersuchungsgebietes

Der Büchenbergsattel ist der nördlichste Schalsteinsattel des Elbingeröder Komplexes. Sein Kern besteht aus Schalstein und Keratophyr des oberen Mitteldevons. Darüber — auf Grund des bereits tiefen Erosionsniveaus nur noch an den Flanken erhalten — liegt der Stringocephalenkalk. Im Kalk und in geringem Umfang auch im Schalstein treten die syngenetischen, submarin-extrusiven Roteisenerzlager auf, während das Keratophyrerz als metasomatisch aufzufassen ist. Das Hangende des Lagers wird im Untersuchungsgebiet durch unterkarbonische Schichten (Tonschiefer und Grauwacken) gebildet. An ihrer Basis befindet sich eine sonst im Harz unbekannte Kieselschieferfazies (Büchenbergfazies).

Während an der nördlichen Sattelflanke das Ausstreichen des Erzlagers durch den Bergbau bekannt ist, wurde vermutet, daß es an der Südflanke durch streichende Störungen und durch Querstörungen z. T. in größere Tiefen versetzt oder doch zumindest unterdrückt wird (ZÖLLICH 1939). Daraus ergibt sich die Vorstellung, daß das Erz im Untersuchungsgebiet oberflächennah nicht vorhanden ist. Hinzu kommt, daß hier die holozäne Bedeckung den Ausstrich der paläozoischen Schichten der Beobachtung entzieht.

3. Die magnetische Spezialvermessung

Das Untersuchungsgebiet befindet sich im Mittelteil des Südrandes des Büchenbergsattels (Abb. 1). Es umfaßt eine Fläche von 200 m Breite und 600 m Länge mit einer Punktdichte von 10 × 25 m.

Bei diesen Untersuchungen (Abb. 2) wurde eine 500 m Längserstreckung aufweisende schmale positive Anomalie gefunden, deren Störwerte im allgemeinen zwischen + 1000 γ und + 2000 γ liegen und maximal + 7000 γ überschreiten. Im Nordwesten ist ihr ein markantes Minimum mit Tiefstwerten um — 780 γ vorgelagert. Als Ursache für die Anomalie wurde das in den Schürfen G 1 bis G 4 und in den Bohrungen I und II (Lage siehe Abb. 2) nachgewiesene Erzlager erkannt.

Nach Südosten klingt die Anomalie nur langsam und recht unregelmäßig ab. Die nach Südosten gerichteten Ausbuchtungen der Isanomalen werden entweder durch die Auswirkung einer häufigen Änderung des Lagereinfallens, die z. B. durch Spezialfaltung der Sattelflanke verursacht werden könnte, oder durch im Liegenden des Lagers auftretende keratophyrische Körper, deren magnetische Störungen sich an den in Frage kommenden Stellen der Wirkung des Erzes überlagern, bedingt. Die erste Deutung ist nach dem Ergebnis der Bohrung I wahrscheinlicher.

Die erhöhten Störwerte, die dem Nordende der erzbedingten Anomalie westlich vorgelagert sind, werden zweifellos durch Keratophyr verursacht, dessen magne-

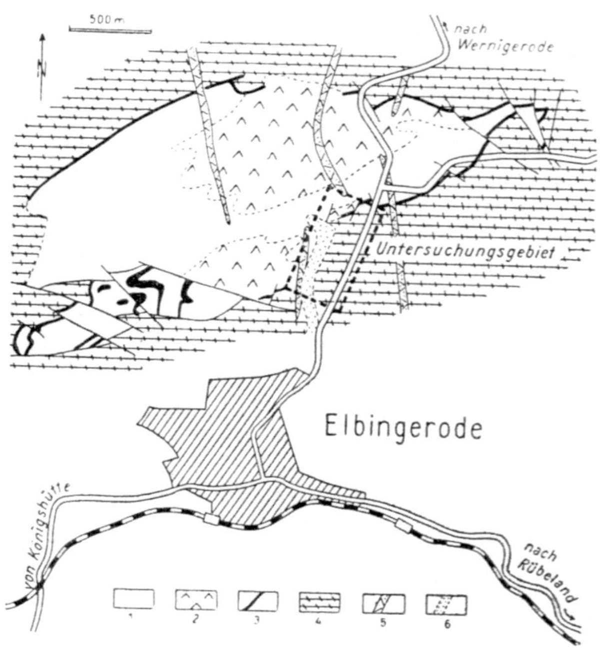

Abb. 1. Geologische Übersichtskarte des Untersuchungsgebietes

1 — Schalstein, 2 — Keratophyr, 3 — Stringocephalenkalk und -erz, 4 — Rahmenserie des Büchenbergsattels, 5 — Mittelharzer Gänge, 6 — Holozän

tische Wirksamkeit von anderen Stellen gut bekannt ist (SÄRCHINGER 1959, NEUMANN 1960).

4. Petromagnetische Untersuchungen

Die im Bereich der Anomalie durch die Bohrungen I und II und durch die Schürfe G 1 bis G 4 aufgeschlossenen Erze und Gesteine wurden hinsichtlich ihrer Suszeptibilität untersucht. Die Suszeptibilitätsmessungen wurden mit der FANSELAUschen Feldwaage durchgeführt, nachdem umfangreiche Voruntersuchungen (PESCHEL 1958) eine brauchbare Methode und eine grobe Eichung des Gerätes ergeben hatten. Bei den zu erwartenden hohen Suszeptibilitäten des Erzes war eine zusätzliche Anordnung erforderlich, die eine Meßbereichsvergrößerung mittels Torsionen überflüssig macht, weil sonst der Zeitaufwand sehr groß gewesen wäre. Das Problem wurde dadurch gelöst, daß die Wirkung des Magnetfeldes der Probe auf den Magneten der Feldwaage durch ein entgegengesetzt gerichtetes Feld kompensiert wird. Dieses Gegenfeld wird mit einer Helmholtzspule erzeugt. Im vorliegenden Fall wurde die zum Feldwaagen-Eichgerät gehörige Spule verwendet. Die Kompensation kann mit wenigen Handgriffen durch ein Potentiometer geschehen. Die Feldwaage dient als Nullinstrument. Die Suszeptibilität wird aus der Größe des Gegenfeldes bestimmt, die wiederum durch Messen der Stromstärke ermittelt werden kann. Abb. 3 zeigt eine Ansicht und Abb. 4 das Schaltschema der Zusatzeinrichtung. Vergleichsmessungen ergaben eine mittlere Abweichung von 3% für die so gemessenen Proben.

Der wechselnde Magnetitgehalt der Erze bedingt die beträchtlichen Unterschiede der Suszeptibilität. Schwach vererzter Kalk besitzt meist Werte unter $500 \cdot 10^{-6}$ CGS-Einheiten. Das rote kalkreiche Erz, in dem viele Fossilreste erkennbar sind und das KNAUERs (1959) Kalzit-Oxyd-Erz entspricht, besitzt Suszeptibilitäten, die zwischen $3000 \cdot 10^{-6}$ und $5000 \cdot 10^{-6}$ CGS-Einheiten liegen. Die höchsten Suszeptibilitäten besitzt das graue Magnetiterz, das im Schurf G 1 und in der Bohrung I angetroffen wurde. Es handelt sich um KNAUERs (1959) Magnetit-Siderit-„Mg-Chamosit"-Erz, in dem der Magnetit primär vorliegen soll. Die Suszeptibilitäten überschreiten $100000 \cdot 10^{-6}$ CGS-Einheiten. Das im Schalstein auftretende Erz weist eine wesentlich unregelmäßigere Magnetisierbarkeit auf.

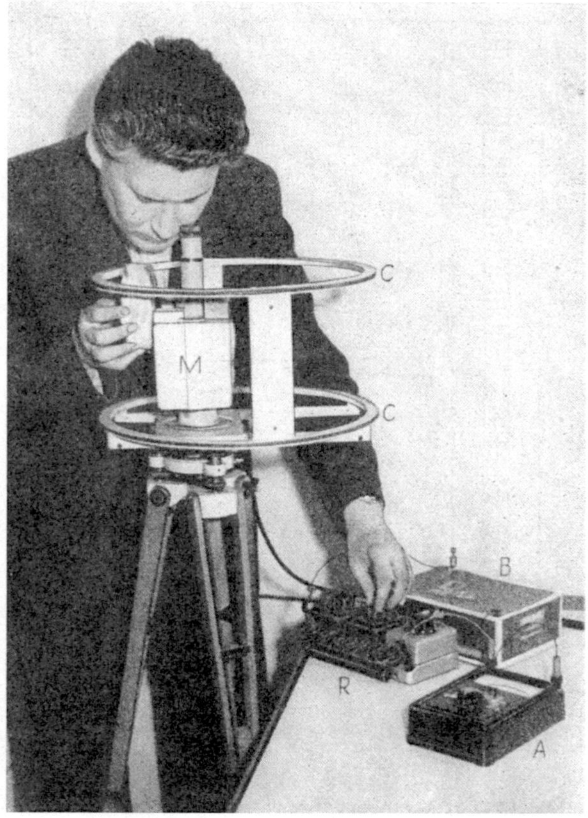

Abb. 3. Zusatzeinrichtung zur Messung hoher Suszeptibilitäten mit der Feldwaage

M – Magnetometer (Feldwaage), A – Amperemeter, B – Batterie, C – Helmholtzspule, R – Potentiometer

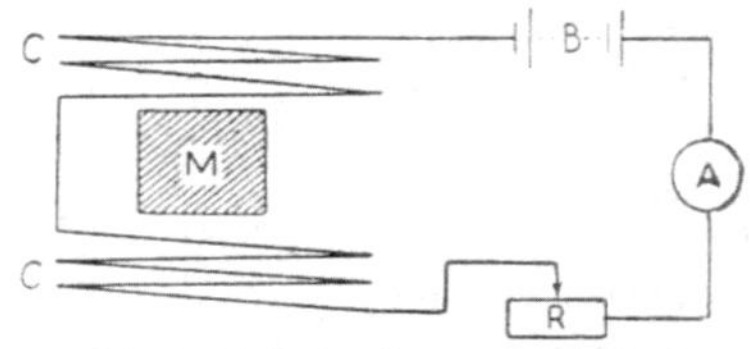

Abb. 4. Schaltschema zu Abb. 3

Das Nebengestein, der Schalstein und die kulmischen Tonschiefer und Grauwacken, sind magnetisch sehr schwach wirksam. Ihre Suszeptibilitäten liegen zwischen $15 \cdot 10^{-6}$ und $150 \cdot 10^{-6}$ CGS-Einheiten.

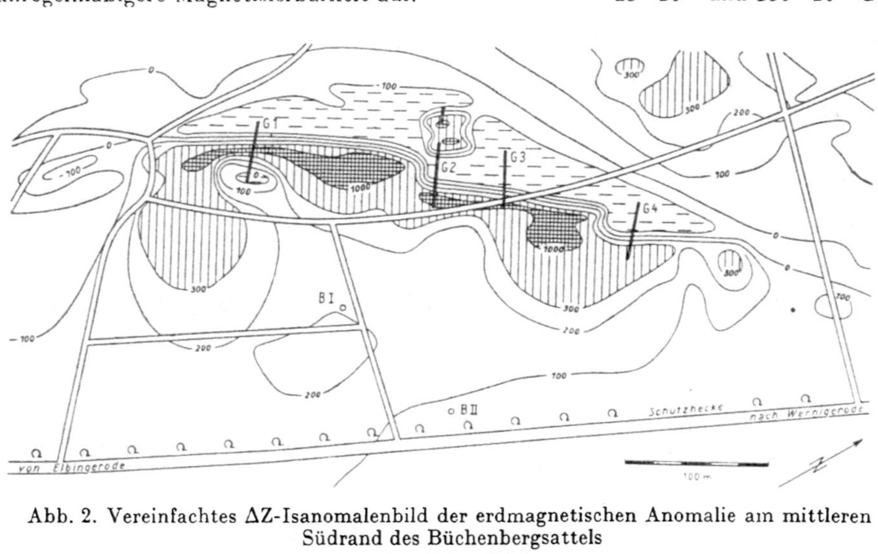

Abb. 2. Vereinfachtes ΔZ-Isanomalenbild der erdmagnetischen Anomalie am mittleren Südrand des Büchenbergsattels

G – Schurf, B – Bohrung

5. Spezialuntersuchungen

Besonders interessant werden die Ergebnisse der Suszeptibilitätsmessungen, wenn man die Suszeptibilitäten in Abhängigkeit von der stratigraphischen Lage der Proben darstellt. Abb. 5 zeigt dies für die Bohrungen I und II. Deutlich ist zu erkennen, daß im gesamten Schichtenkomplex nur das Erzlager magnetische Störungen an der Oberfläche verursachen kann (s. o.). Darüber hinaus läßt sich

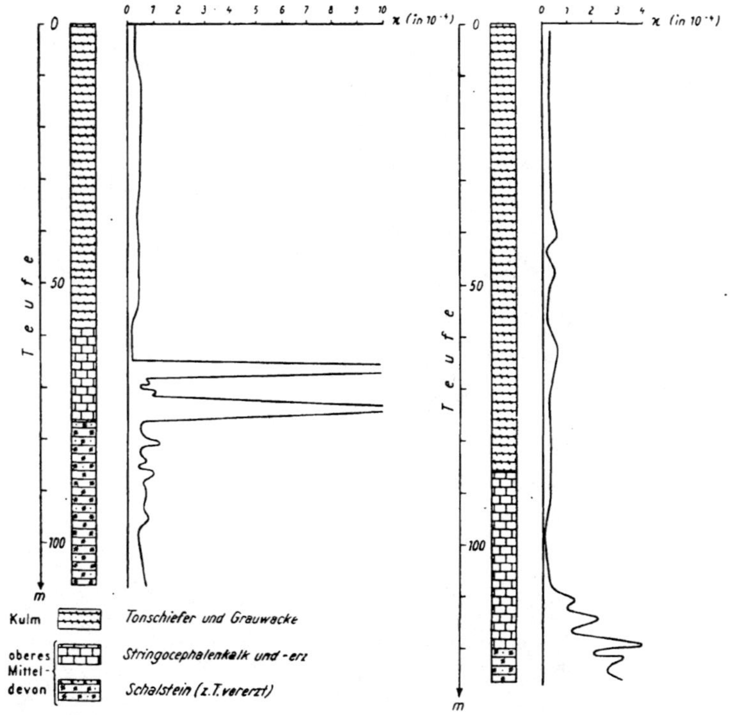

Abb. 5. Magnetische Suszeptibilität des Kernmaterials der Bohrungen I (links) und II (rechts)

aus dem Diagramm der Bohrung I entnehmen, welche Zonen des Stringocephalenkalkes vererzt sind und welche aus unvererztem Kalk bestehen.

Die Darstellung des Suszeptibilitätsverlaufs in den Schürfen G 1 und G 2 wurde in Abb. 6 durch das erdmagnetische Spezialprofil und durch den Verlauf des prozentualen Eisengehaltes[1]) erweitert. Zwischen allen drei Kurven und dem geologischen Profil zeigt sich eine ausgezeichnete Übereinstimmung. Auch das von NOSSKE (1959) am Schurf G 1 gemessene Maximum der induzierten Polarisation fällt lagemäßig mit dem verdeckten Erzausstrich zusammen.

Der Schurf G 2 befindet sich an einer Stelle, an der das Erzlager durch ein steilherzynisch streichendes Störungssystem versetzt wird. Das Erzlager wird vom Schurf zweimal angeschnitten, und es ergibt sich demnach eine Verdopplung der Kurven. Auffällig ist, daß in der Kurve des Suszeptibilitätsverlaufs am Nordwestende eines jeden Erzkörpers eine charakteristische Spitze auftritt. Sie deutet einmal auf den ehemaligen Zusammenhang beider Erzkörper hin und läßt zum anderen vermuten, daß tektonische Vorgänge an der Bildung des sekundären Magnetits mitgewirkt haben, eine Ansicht, die ZÖLLICH (1939) ebenfalls vertritt, die aber neuerdings von KNAUER (1959) abgelehnt wird.

Um die tektonischen Verhältnisse in der Umgebung des Schurfes G 2 besser zu erkennen, wurde hier auf einem Gebiet von 80×35 m eine erdmagnetische Mikromessung (LAUTERBACH 1953/54) mit einer Punktdichte von 2×5 m vorgenommen. Das Ergebnis zeigt Abb. 7[2]). Es ist deutlich erkennbar, wie das von Südwesten kommende Erzlager etwa 15 m nach Südosten versetzt wird. Im Nordwestteil der Abb. 7 sind Gebiete höherer magnetischer Störwerte erkennbar, die am Nordwestende des Spezialprofils am Schurf G 2 in Abb. 6 ebenfalls erscheinen. Es handelt sich um ein untergeordnetes, im Schalstein auftretendes Lager. Der Verlauf der ΔZ-Werte über dem Schalsteinerz ist wesentlich ungleichmäßiger als über dem Stringocephalenerz. Mit einer engmaschigen Mikromessung können somit beide Erztypen unterschieden werden. Die Vorstellungen, zu denen die Schurfergebnisse und die erdmagnetische Spezialvermessung in

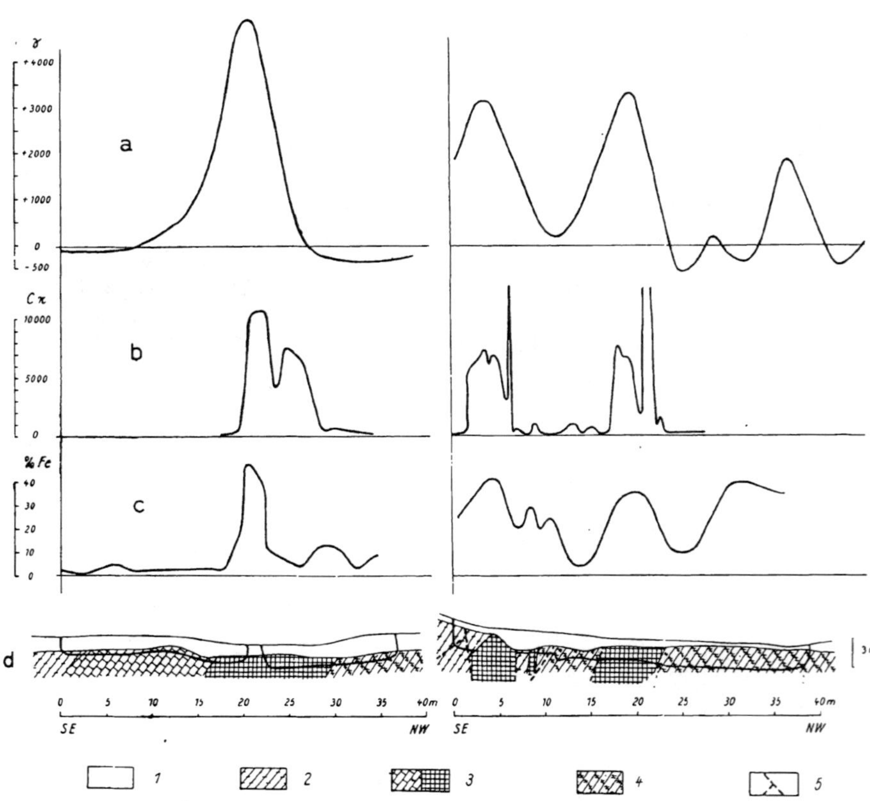

Abb. 6. Ergebnisse erdmagnetischer, petromagnetischer und chemischer Untersuchungen an den Schürfen G 1 (links) und G 2 (rechts)

a — Erdmagnetisches ΔZ-Profil, b — Suszeptibilitätsprofil ($C \approx 0{,}3 \cdot 10^{-6}$ CGS), c — Verlauf des prozentualen Eisengehalts, d — geologisches Schurfprofil

1 — Holozän, 2 — Kulm (Tonschiefer und Grauwacke), 3 — Stringocephalenkalk und -erz, 4 — Schalstein (z. T. vererzt), 5 — tektonische Störungen

[1]) Die Ergebnisse der chemischen Analysen wurden vom VEB Harzer Eisenerzgruben zur Verfügung gestellt.

[2]) Der Unterschied im Isanomalenverlauf gegenüber der Abb. 2 ergibt sich aus der wesentlich größeren Punktdichte.

der Umgebung von Schurf G 2 führten, sind schematisch in Abb. 8 dargestellt.

Die aus diesem Beispiel gewonnenen Erkenntnisse lassen sich natürlich nicht ohne weitere Mikromessungen auf andere Teile der Anomalie übertragen. So läßt sich nicht sagen, ob die Gliederung des Isanomalenbildes z. B. südwestlich von G 1 oder südwestlich von G 4 auf Spezialfaltung (s. o.) oder andere tektonische Ursachen zurückgeht, die zu einer Lagerverdopplung führen (KNAUER 1956). Die Untersuchungen haben jedoch gezeigt, daß es mit der magnetischen Methode nicht nur möglich ist, den Nachweis bisher unbekannter Lagerstättenteile zu erbringen, sondern daß sie darüber

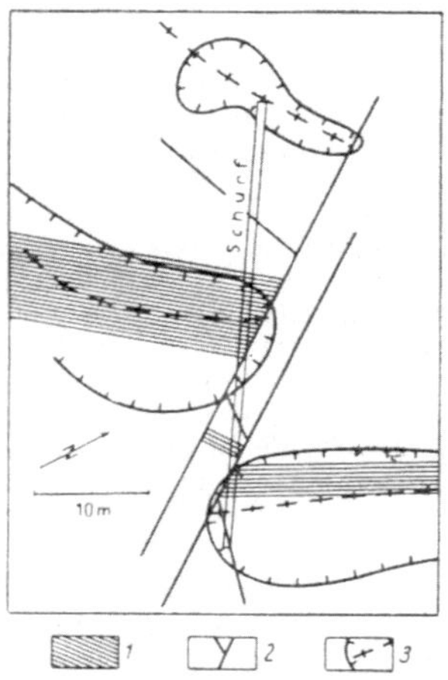

Abb. 7. Lagerungsverhältnisse am Schurf G 2, abgeleitet aus dem Schurfergebnis und aus der erdmagnetischen Mikromessung

1 — Ausstrich des Lagers, 2 — tektonische Störungen, 3 — Gebiete mit magnetischen Störwerten über + 1000 γ mit Kammlinien. Im Bild oberhalb des Erzausstriches Schalstein, unterhalb Kulmtonschiefer

hinaus — mit entsprechend größerem Aufwand — einen Beitrag zur Kartierung sowie zur Lösung tektonischer Fragen leisten kann. Voraussetzung für das letztere ist in allen ähnlichen Fällen, daß ein geometrisch relativ einfacher Körper hoher Suszeptibilität als Leitelement in fast unmagnetischem Gestein vorhanden ist.

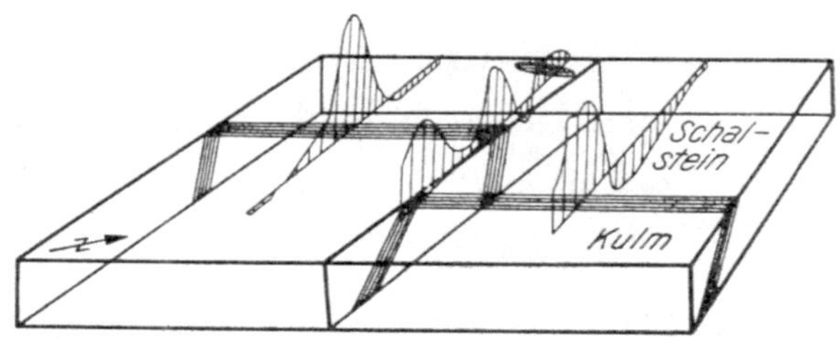

Abb. 8. Schematisches Blockbild der tektonischen Verhältnisse in der Umgebung von Schurf G 2

Zusammenfassung

Am Südrand des Büchenbergsattels bei Elbingerode (Mittelharz) wurde in einem Gebiet, das auf Grund älterer tektonischer Vorstellungen nicht erzhöffig war und in dem holozäne Bildungen das Paläozoikum verdecken, eine erdmagnetische Anomalie gefunden, deren weitere Untersuchung einen bisher unbekannten Lagerstättenteil erbrachte. Es werden die Ergebnisse von Suszeptibilitätsmessungen mitgeteilt, und es wird gezeigt, wie mit erdmagnetischen Messungen mit größerer Punktdichte tektonische Einzelheiten erkannt werden können.

Резюме

На южной периферии седла Бюхенберга ок. Эльбингероде (Средний Гарц) была обнаружена магнитная аномалия, дальнейшее исследование которой привело к открытию неизвестной до сих пор части месторождения; речь идёт о районе, который на основе более старых тектонических соображений не считался перспективным на руду. В этом районе палеозой покрывается образованиями голоцена. Сообщаются результаты измерений восприимчивости; освещается, каким образом магнитные измерения с большой густотой точек позволяют обнаружить детали тектоники.

Summary

On the southern border of the Büchenberg anticline near Elbingerode (Central Hartz Mountains) a magnetic anomaly was found in a non-ore bearing area according to earlier tectonic conceptions, in which the Paleozoic is covered by holocene formations. A further investigation of this anomaly has produced a so far unknown part of this deposit. Results obtained by susceptibility measurements are given, and it is shown how to recognize tectonic details by means of magnetic measurements with great distances between the test points.

Literatur

KAEMMERER, O.: Ergebnisse magnetischer Messungen im Lahn-Dill-Gebiet. — Sitz.-Ber. geol. Landesanst., 4, S. 66—70, Berlin 1929.

KEGEL, W.: Über erdmagnetische Untersuchungen im Lahn-Dill-Gebiet. — Sitz.-Ber. geol. Landesanst., 4, S. 59—65, Berlin 1929.

KNAUER, E.: Zur Kenntnis der Störungstektonik am Nordrand des Büchenbergsattels bei Elbingerode i. Harz. — Geologie, 5, S. 504—514, Berlin 1956.

— Zur quantitativ-mineralogisch-petrographischen Untersuchung der Roteisenerze vom Büchenberg bei Elbingerode/Harz. — Z. angew. Geol., 5, S. 100—102, Berlin 1959.

LAUTERBACH, R.: Geophysikalische Untersuchungen an den Roteisenvorkommen des Lahngebietes. — Gerl. Beitr. Geophys., 59, S. 191—200, Leipzig 1943.

— Mikromagnetik — ein Hilfsmittel geologischer Erkundung. — Wiss. Z. Karl-Marx-Univ., Leipzig, Jg. 1953/54, math.-nat. Reihe, H. 3, S. 223.

NEUMANN, W.: Irreguläre geomagnetische Anomalien und ihre Bedeutung für die Geologie. — Geophysik und Geologie, Folge 2, S. 3—63, Leipzig 1960.

NOSSKE, G.: Eine neue leichte Feldausrüstung für die induzierte Polarisation mit Gleichstromimpulsen. — Z. angew. Geol., 5, S. 528—533, Berlin 1959.

PESCHEL, G.: Untersuchungen über die Beziehung zwischen den Suszeptibilitäten von Gesteinshandstücken und den Ablenkungswerten an Feldwaagen. — Unveröff. Abschlußbericht, Archiv des VEB Geophysik, Leipzig 1958.

REICH, W.: Magnetische Messungen im Harz. — Sitz.-Ber. geol. Landesanst., 4, S. 25, Berlin 1929.

REICH, W. & W. WOLFF: Über das magnetische Verhalten verschiedener Harzgesteine. — Cbl. Mineral., B, S. 153—160, Stuttgart 1929.

SÄRCHINGER, H.: Erdmagnetische Untersuchungen im Mittelharz und ihre geologische Aussage. — Ber. geol. Ges. DDR, 4, S. 59—81, Berlin 1959.

SÄRCHINGER, H. & H. POHLERS: Abschlußbericht über geomagnetische Untersuchungen im Mittelharz. — Archiv des VEB Geophysik, Leipzig 1957 (unveröff.).

WOLFF, W.: Magnetische Messungen bei Hüttenrode im Harz. — Beitr. phys. Erforsch. Erdrinde, H. 6, S. 5—11, Berlin 1933.

ZÖLLICH, M.: Zur Deckenfrage im Mittelharz. Die tektonische Stellung der Schalsteinsättel bei Elbingerode. — Abh. preuß. geol. Landesanst., N. F., H. 191, Berlin 1939.

Praktische Erfahrungen bei IP-Messungen mit kurzen Gleichstromimpulsen

Mitteilung aus dem VEB Geophysik

GERHARD NOSSKE, Leipzig

Das Verfahren der Induzierten Polarisation (IP) wurde in den letzten Jahren in immer größer werdendem Umfang in die geoelektrische Erzlagerstättenforschung vieler Länder eingeführt. Hinsichtlich der Anregung galvanischer Polarisationsspannungen unterscheidet man bekanntlich zwischen dem Wechselstromverfahren mit variabler Frequenz und dem Gleichstromimpulsverfahren, als deren Hauptvertreter W. BUCHHEIM (1954) und D. F. BLEIL (1953) genannt werden können.

Bei der Verwendung von Gleichstromimpulsen gehen die Auffassungen verschiedener Autoren über die optimale Dauer der Erregung noch recht auseinander. Während D. F. BLEIL bereits 0,3 sec als ausreichend ansieht und wegen der Gefahr einer Übersättigung vor einer Impulslänge von über 0,5 sec warnt, arbeiten R. W. BALDWIN (1959) mit 3 sec, F. ŠUMI (1959) mit 1—2 min und sowjetische Autoren (A. S. POLJAKOW 1951, G. P. SAKOWZEW 1955) sogar mit 4—5 min langen Aufladungen.

Zeitlich sehr ausgedehnte Erregungen mögen für die Erkundung von Wasser, bei der es auf die Beeinflussung des Elektrolyten im Gesteinsporenraum ankommt, durchaus vorteilhaft sein (VACQUIER u. a. 1957). Indessen sollte angestrebt werden, bei der Anregung der bedeutend aktiveren elektronisch leitenden Erzteilchen die hier störende Wirkung des Elektrolyten so weit wie möglich zu unterdrücken. Da sich bei der Verwendung besonders kurzer Impulse auch noch bedeutende technische Vorteile ergeben, experimentierten H. RÖTHIG und Verf. seit 1955 mit Impulsen von der Größenordnung $^{1}/_{10}$ sec und kamen zu recht befriedigenden Ergebnissen. Die Untersuchungen endeten mit der Entwicklung einer besonders leichten Feldausrüstung (NOSSKE 1959), die auch im unwegsamen Gelände einen großen Arbeitsfortschritt ermöglicht und die der VEB Geophysik unter der Typenbezeichnung „Erzprospektor" in die Lagerstättenforschung eingeführt hat.

Über den prinzipiellen Aufbau der Apparatur und Ergebnisse erster Versuchsmessungen hat Verfasser schon früher berichtet.

Es sei hier noch einmal darauf hingewiesen, daß das Gerät periodisch kommutierte Gleichstromimpulse von 0,1 sec Länge erzeugt, die durch die zwei äußeren Elektroden einer Vierpunktanordnung nach WENNER auf den Untergrund übertragen werden. Über die zwei inneren Meßelektroden oder Sonden nimmt man die zeitlich abklingenden Polarisationsspannungen vom Boden ab und führt sie einem Verstärker zu. Letzterer verstärkt auch — allerdings mit einem anderen Faktor — die während der Erregung zwischen den Meßsonden anliegende Potentialdifferenz, auf die bei der Ermittlung der galvanischen Polarisierbarkeit des Untergrundes Bezug genommen wird. Am nachleuchtenden Schirmbild eines Elektronenstrahl-Oszillographen erscheinen dann periodisch beide Meßspannungen in ihrem zeitlichen Verlauf — obwohl nacheinander folgend — übereinander geschrieben. Mit Hilfe eingeblendeter Zeitmarken kann man die Polarisationsspannung und die Bezugsspannung zu verschiedenen Zeitpunkten miteinander vergleichen.

Um die hintereinander folgenden Spannungen etwa in gleicher Größe abbilden zu können, ist es wegen ihrer sehr unterschiedlichen Amplitude erforderlich, den Verstärkungsgrad periodisch zu ändern. Der hierfür vorgesehene Regler besitzt eine Skala, an der man bei eingestellter Amplitudengleichheit zu verschiedenen Zeitpunkten das Verhältnis der Polarisationsspannung zur Sondenspannung während der Erregung — im folgenden immer S genannt — direkt ablesen kann. Das Gerät normiert also bereits während der Messung nach einem elektronischen Analogrechenverfahren die Meßwerte, die dann für jeden Meßpunkt ohne weitere Reduktion miteinander vergleichbar sind.

Da nach Beendigung der Erregung durch die rückwärtige steile Flanke des Stromimpulses im System der Kabelzuleitungen und im Boden selbst Induktionsströme erzeugt werden, fragt es sich, ob die bei diesem Gerät vorgesehene Schaltpause von $5 \cdot 10^{-3}$ sec ausreicht, um danach auch noch den Beginn des IP-Signals unverzerrt registrieren zu können. Mehrere Versuche mit der Anordnung nach WENNER in relativ gut leitenden lehmgefüllten Talniederungen (ca. 30 Ωm) zeigten, daß dies bis mindestens a = 50 m möglich ist. Über hochohmigen kristallinen Gesteinen, die auch noch mit schwachen Erzimprägnationen einen spezifischen Widerstand von mindestens 1000 Ωm besitzen, ist eine Wirkungstiefe von a >100 m mit Sicherheit erreichbar.

Technisch viel schwieriger ist die Anregung des Erzkörpers unter recht inhomogenen Bedeckungen, z. B. eiszeitlichen Schuttmassen mit großen Geschieben. Es hängt dann erfahrungsgemäß wesentlich vom Aufstellungspunkt der Stromelektroden ab, wie sich der Strom durch die Gesteinsblöcke der Moräne verzweigt und welche Teile des räumlich begrenzten Erzkörpers demzufolge mehr oder weniger stark aktiviert werden. Bei Verwendung nur je eines Erdspießes als Elektroden genügt in schwierigen Fällen schon eine geringfügige Versetzung, um unterschiedlich starke IP-Signale zu empfangen. Nur bei Verbesserung der Stromübertragung durch kurze Linien- oder kleine Kreiselektroden erzeugt man eine bessere Stromverteilung, so daß die Abhängigkeit des Meßwertes von der Erdung im zunehmenden Maße verschwindet.

Nach unseren Erfahrungen hört diese Erscheinung sofort auf, wenn man sich vom Erzkörper mit der Meß-

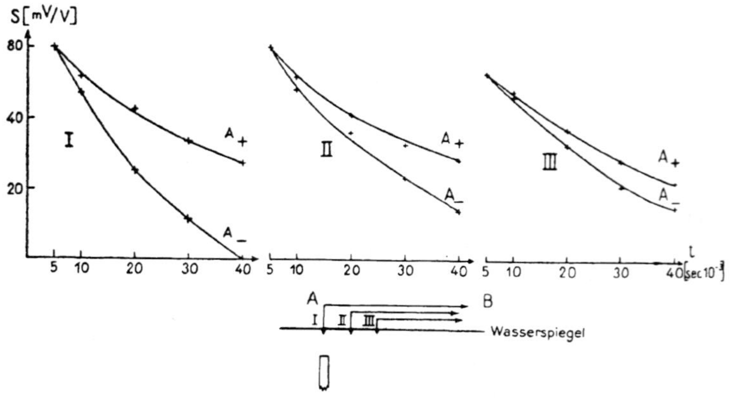

Abb. 1. Abhängigkeit des zeitlichen Verlaufs der IP an einer im Wasser befindlichen Aluminiumplatte von der Polarität und der Entfernung der Stromelektrode A einer Anordnung nach WENNER (Modellversuch von U. MAHLER)

anordnung entfernt und lediglich die geringere Wirkung des schwach, aber relativ homogen mineralisierten Nebengesteins empfängt; demzufolge ist dann auch der Meßfortschritt abseits vererzter Zonen bedeutend größer.

Zur Problematik der Anregungen gesellt sich bei Annäherung einer Stromelektrode an Massiverzkörper auch noch eine Abhängigkeit des Abklingvorganges von der Polarität des Erregerimpulses. Diesen Effekt, den U. MAHLER bei Modellversuchen reproduzieren konnte, beobachteten H. RÖTHIG und Verf. zuerst an nordschwedischen Lagerstätten.

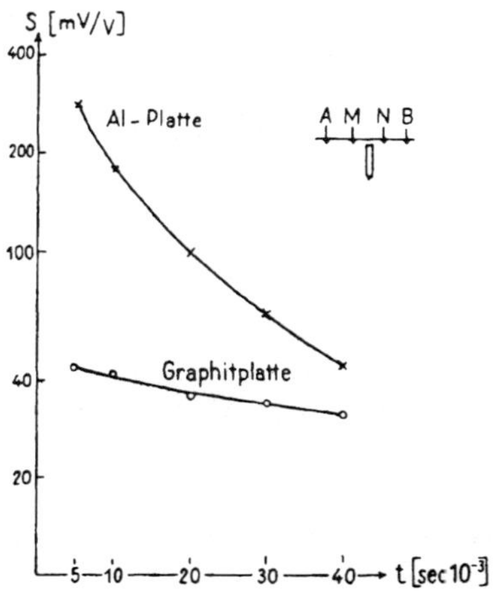

Abb. 2. Unterschiedliches Abklingen der IP an einer im Wasser befindlichen Aluminium- und Graphitplatte (U. MAHLER)

Der Erzkörper gerät dann beim Überschreiten mit der Meßanordnung zeitweilig in den Nahbereich der Stromelektrode, in dem größere Stromdichten auftreten und u. U. eine von BLEIL gefundene kritische Grenzspannung von 1,2 V längs des Störkörpers überschritten wird. Es besteht dann keine Proportionalität mehr zwischen der Polarisationsspannung und dem induzierenden Spannungsgefälle, weil offenbar besondere chemische Vorgänge an der metallischen Oberfläche stattfinden. Je nach der Polarität des Erregerimpulses werden Teile des Metalls verschieden stark angegriffen, und es kann zu einem elektrolytischen Gleichrichtereffekt kommen. Die dadurch bedingte, vom Vorzeichen des Stromes abhängige unterschiedliche Polarisation klingt dann noch verschieden rasch ab, was möglicherweise damit zusammenhängt, daß Kationen und Anionen unterschiedlich schnell wandern.

Für die Beobachtung dieses Vorganges ist aber nicht nur eine genügend hohe Stromdichte erforderlich. Das Meßsondenpaar muß in jedem Falle seitlich des Körpers angeordnet sein, um nur das Abklingen am jeweils positiv oder negativ polarisierten Teil zu erfassen. Schließen die Meßsonden den Körper ein, wird lediglich ein polaritätsunabhängiger Mittelwert registriert.

Als Modell diente eine im Wasser befindliche Aluminiumplatte (Abb. 1), der die nadelförmige äußere Stromelektrode A einer WENNER-Anordnung mit a = 6 cm schrittweise auf 2 cm, 1 cm und schließlich bis über den Rand genähert wurde. Die mit logarithmisch geteilter Ordinate dargestellten Abklingkurven S(t) zeigen ihre größte Abweichung bei Stellung I, wo sich A direkt über dem Körper befindet. Immer dann, wenn A positive Polarität besitzt, klingen die Kurven langsamer ab als nach Erregung durch eine negative Elektrode.

Es muß darauf hingewiesen werden, daß bei diesen Versuchen aus meßtechnischen Gründen durch eine Vorkompensation je zwei zusammengehörende Kurven den gleichen Anfangswert erhielten. Im Takte der periodischen Kommutierung schwankt dann das hintere Kurvenende auf dem Schirmbild auf und nieder. Nach der üblichen Vorkompensation vor Einschalten der periodischen Erregung schneiden sich die Kurven nach ca. $20 \cdot 10^{-3}$ sec und pendeln um diesen Punkt, lassen sich so aber schlechter auswerten. Daraus ist indessen zu entnehmen, daß der wirkliche Anfangswert der Abklingkurven nach negativer Erregung (A-) zwar höher liegt, aber sehr rasch unter die Werte nach positiver Erregung absinkt.

Für die Interpretation von IP-Messungen ist es von großer Bedeutung, daß an graphitischen Körpern die polaritätsabhängigen Polarisationserscheinungen kaum zu beobachten waren. Auch Erzimprägnationen, bei denen besonders kleine Erzteilchen durch taubes Gestein voneinander getrennt sind, zeigen diesen Effekt nicht, da es in der Praxis kaum möglich ist, derart hohe Stromdichten zu erzeugen, daß der kritische Potentialgradient von 1,2 V pro Teilchenlänge erreicht wird. Variationen mit der Stromstärke sind somit wichtige Hilfsmittel zur Unterscheidung zwischen Derberzkörpern und schwachen Imprägnationen bzw. graphitischen Gesteinen.

Bei Modellversuchen läßt aber das Abklingen der Polarisationsspannungen auch nach einer schwächeren Erregung — unterhalb des kritischen Bereiches —

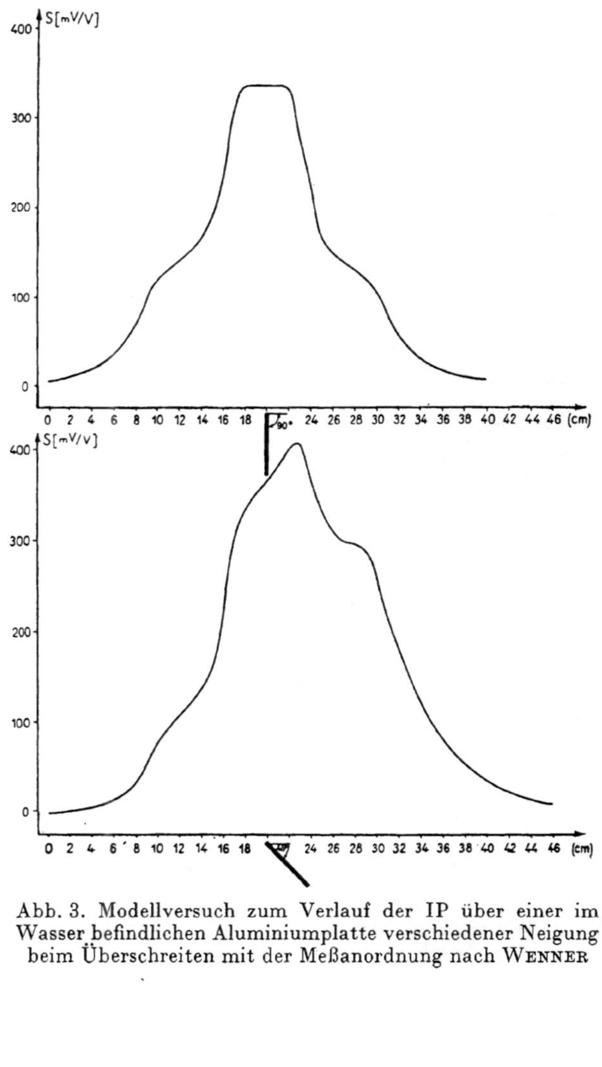

Abb. 3. Modellversuch zum Verlauf der IP über einer im Wasser befindlichen Aluminiumplatte verschiedener Neigung beim Überschreiten mit der Meßanordnung nach WENNER

deutliche Unterschiede zwischen Metall und Graphit erkennen. In Abb. 2 sind z. B. Abklingkurven über einer Aluminiumplatte und einer gleichgroßen Platte aus gepreßtem Graphit, die sich zwischen den Meßsonden befanden, dargestellt. Wie Verf. früher beschrieb, ist allerdings der Unterschied zwischen einer Erzimprägnation und einem graphitischen Schiefer hinsichtlich der Kurvenform in der Praxis verschwindend gering. Im übrigen sollte die registrierte Kurvenform bei der Deutung der Ergebnisse nicht unbedingt allein als Wirkung der Substanz gesehen werden. Wie die folgenden Beispiele zeigen, ist die Aufstellung der Meßanordnung zum Erzkörper und die Verteilung des umgebenden Elektrolyten als Übertragungsweg der Erregung von ausschlaggebender Bedeutung für den beobachteten Verlauf der abklingenden Spannung.

Am einfachsten gestalten sich noch die Verhältnisse bei einem einzigen plattenförmigen Körper, der vollständig in den Elektrolyten eintaucht (Abb. 3). Wie schon früher gezeigt (NOSSKE 1959), erhält man beim Übermessen einer vertikal stehenden Metallplatte mit einer senkrecht zum „Streichen" orientierten WENNER-Anordnung einen symmetrischen Verlauf von S mit vier Wendepunkten und einem abgeflachten Maximum. Die Figur gleicht dann einem auf einem „Sockel" stehenden „Turm".

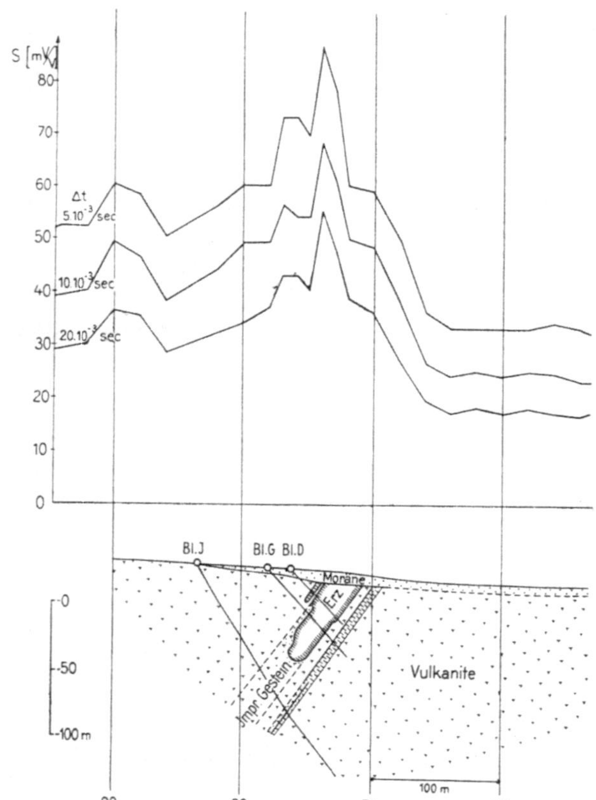

Abb. 4. Ergebnis von IP-Messungen über der Lagerstätte Kankberg (Nordschweden)

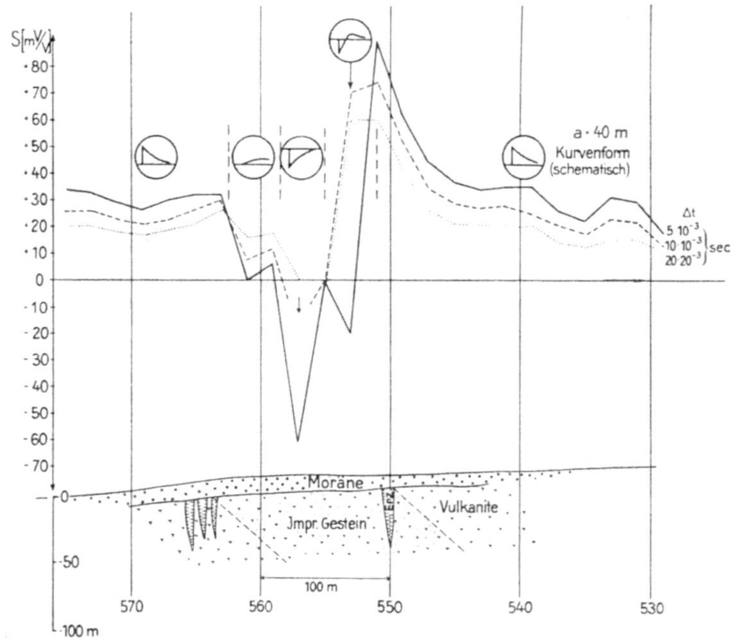

Abb. 5. Ergebnis von IP-Messungen über der Lagerstätte Åkulla (Nordschweden)

Über der geneigten Platte verläuft die Kurve unsymmetrisch. Man hat dann den Eindruck, daß der „Turm" und besonders sein Dach nach links gekippt sind, während sich noch ein Höcker in Richtung des Einfallens bei Punkt 28 cm (Abb. 3) ausbildet, der als hochgezogener Teil des ebengenannten „Sockels" angesehen werden kann. Das absolute Maximum befindet sich nicht über dem Ausstrich, sondern ist in Richtung des Einfallens verschoben. Es hat auch einen höheren Wert als im Falle des senkrecht stehenden Körpers, was wohl damit zusammenhängt, daß jetzt durch die Plattenneigung die Erregung bei den Punkten 22 bis 24 cm besser auf die großflächige Längsseite des Körpers einwirken kann.

Im Beispiel aus der Praxis (Abb. 4) ist wieder die turmartige Form der Indikation einschließlich „Sockel" über dem Erzkörper zu erkennen, wenn man von der Aufspaltung des Maximums absieht. Die drei nahezu parallel verlaufenden Kurven entsprechen den Werten von S nach 5, 10 und $20 \cdot 10^{-3}$ sec Abklingzeit, die für jeden Meßpunkt der Reihe nach ermittelt wurden. Es handelt sich hier um ein Ergebnis, das H. RÖTHIG und Verf. in Zusammenarbeit mit der Bolidens Gruvaktiebolag (BGAB) bei Kankberg in Nordschweden mit einer Anordnung nach WENNER ($a = 40$ m) erzielten. Das gangförmige Erzlager besteht vorwiegend aus Pyrit und geht in seinem unteren Teil in eine Imprägnationszone über. Im Hangenden und Liegenden tritt noch je ein geringmächtiger Erzgang gleicher Zusammensetzung auf. Stark metamorphe Quarzporphyre bilden das als „Vulkanite" bezeichnete Nebengestein. Im übrigen ist die Lagerstätte mit verschiedenen Methoden schon mehrfach geophysikalisch untersucht worden (D. MALMQVIST 1958), u. a. auch nach dem Wechselstrom-Polarisationsverfahren von W. BUCHHEIM (1958).

Wenn auch die Indikationsform hier der senkrecht stehenden Platte entspricht, ist doch eine Verlagerung des Maximums in Richtung des Einfallens des Erzkörpers, wie im Modellfall, zu erkennen. Ein idealeres Meßbild kann man wohl deshalb nicht erwarten, weil es sich nicht um einen einzelnen plattenförmigen Körper handelt, da ja die begleitenden geringmächtigen Gänge ebenso mitwirken. Vor allem aber ist dem Kurvenverlauf ein Niveausprung überlagert, der durch eine unterschiedliche Mineralisierung des Nebengesteins beiderseits der Lagerstätte erklärt wird. So treten auf dem linken Profilabschnitt Magnetkiesimprägnationen auf, die wegen ihrer feinen Verteilung dem Erregerstrom eine beachtlich große Oberfläche entgegensetzen und deshalb in der Summenwirkung hohe Polarisationswerte ergeben. Gleiche Erfahrungen sammelte bei vielen Untersuchungen auch R. W. BALDWIN mit sekundenlangen Erregungen.

Die an der Lagerstätte Kankberg vorgefundene Indikationsform sollte zwar — verglichen mit dem Modell — einen Normalfall darstellen, bildet aber gegenüber den anderen in Nordschweden untersuchten Lagerstätten eine Ausnahme, wie die folgenden Beispiele zeigen. Auf Abb. 5 ist das Ergebnis einer Messung über der nur 1 km von Kankberg entfernten Lagerstätte Åkulla, die sich auch noch in dem metamorphen Quarzporphyrgebiet befindet, dargestellt. Das Sulfiderz — in der Hauptsache Schwefelkies — kommt in mehreren kleinen steilstehenden Linsen vor, die im Hangenden und Liegenden einer Imprägnationszone mit Schwefelkies auftreten.

Der Kurvenverlauf, der wieder für verschiedene Abklingzeiten aufgetragen wurde, läßt nur ein ausgeprägtes Maximum über dem rechten Erzkörper erkennen. Im übrigen kehrt sich über der Imprägnationszone der Abklingvorgang um, d. h., auf dem Oszillo-

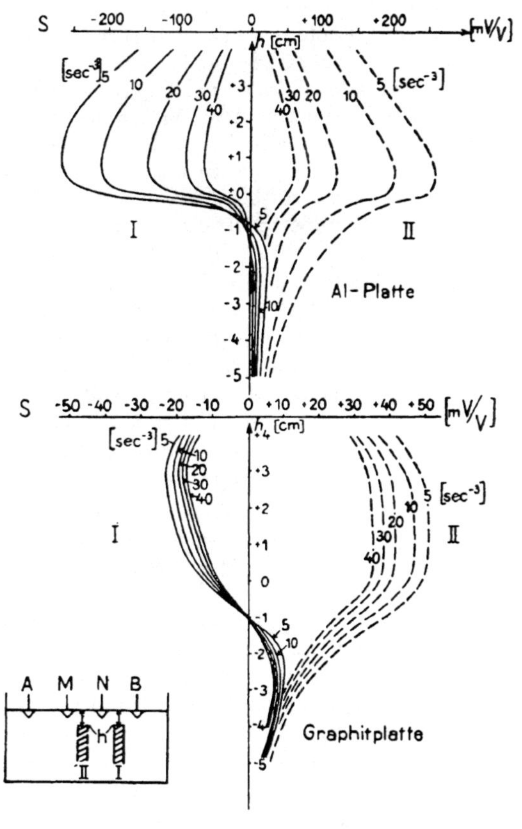

Abb. 6. Abhängigkeit der IP von der Aufstellung der Meßanordnung zu einer Aluminium- und Graphitplatte und vom Wasserstand im Versuchsbecken bei verschiedenen Abklingzeiten (Modellversuch unter Mitwirkung von U. MAHLER und A. KÖSSLING)

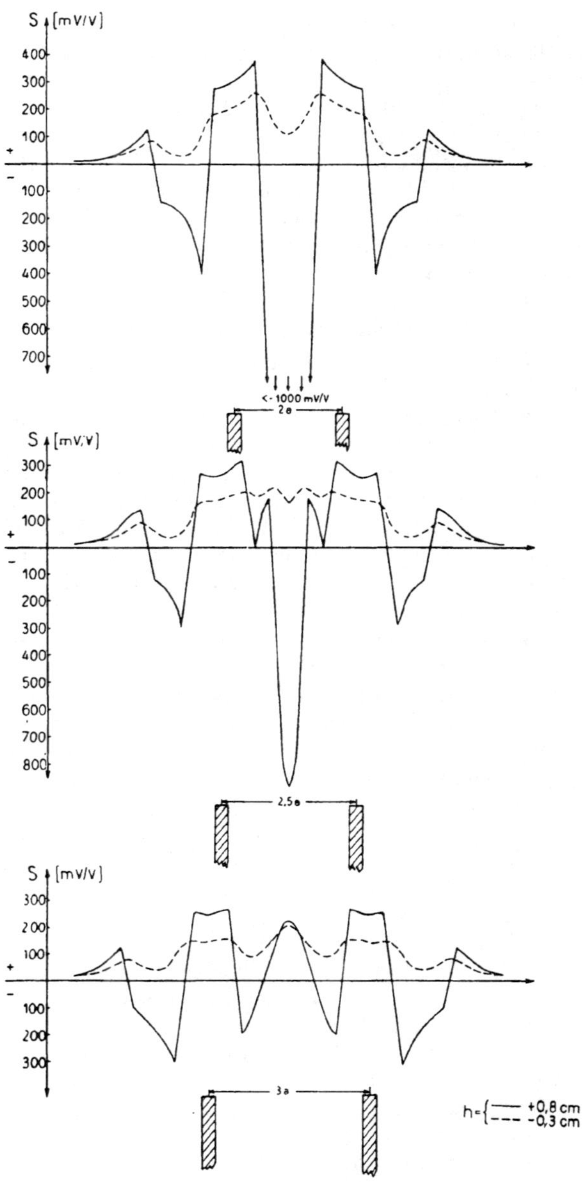

Abb. 7. Modellversuch zum Verlauf der IP über zwei im Wasser befindlichen und verschieden weit voneinander entfernten Aluminiumplatten beim Überschreiten mit der Meßanordnung nach WENNER ($a = 1/3$ des Stromelektrodenabstandes) unter Berücksichtigung verschiedener Wasserstände im Versuchsbecken (U. MAHLER)

graphenschirm wird jetzt der spiegelbildliche Verlauf des sonst gewohnten IP-Signals sichtbar, wie die zum besseren Verständnis beigefügten schematischen Abklingkurven noch besonders verdeutlichen. Dadurch erhält man insbesondere für die Abklingzeit von $5 \cdot 10^{-3}$ sec beachtlich große negative Werte von S bis stellenweise unter -60 mV/V. Die linken drei Erzkörper zeichnen sich kaum im Meßbild ab, da hier die Meßkurven wieder normale Werte annehmen.

Erst eine Serie gründlicher Modellversuche konnte in letzter Zeit die Ursachen des zunächst reichlich unverständlichen Verhaltens der IP über der Lagerstätte etwas klären. Wie die Experimente zeigten, können hohe negative Werte dann auftreten, wenn das Erzmodell mit seinem oberen Teil aus den Elektrolyten herausragt und sich zwischen der Strom- und Meßelektrode befindet.

Abb. 6 soll die Versuche näher veranschaulichen: Ein plattenförmiger Körper aus Aluminium und anschließend aus Graphit taucht verschieden tief in das Wasser des Versuchsbeckens ein. h ist der Abstand seiner Oberkante vom Wasserspiegel. Für $h > 0$ ragt er aus dem Wasser heraus, und bei $h < 0$ ist der Körper vollständig überdeckt. Die ausgezogene Kurvenschar entspricht den Werten von S nach 5, 10, 20, 30 und 40 sec^{-3} bei der Stellung des Körpers zwischen N und B (I) in Abhängigkeit vom Wasserstand. Die gestrichelten Kurven gehören zur Stellung II, bei der das Modell von den Meßsonden M und N eingeschlossen wird.

In Stellung I ergibt die Aluminiumplatte hohe negative Werte, wenn sie aus dem Wasser herausragt. Im Moment des Untertauchens ($h = 0$) springen die Kurven gegen $S = 0$ zurück und zeigen etwas später den gewöhnlichen positiven Verlauf. Insgesamt gesehen, ist also auf dem Schirmbild zunächst eine kopfstehende Abklingkurve erkennbar, die bei steigendem Wasserspiegel in der Amplitude vorerst noch etwas anwächst, dann aber rasch verschwindet und ab 1 cm Tauchtiefe in normaler Gestalt wieder auftritt.

Auch in der Stellung II ist der Moment des Eintauchens durch ein jähes Absinken der Amplitude ausgeprägt, wenn auch später das Vorzeichen nicht wechselt. Mit wachsender Tiefe gehen die Kurven I und II ineinander über, d. h., Form und Intensität des Abklingvorganges werden von der Plattenstellung unabhängig.

Prinzipiell verhält sich die Graphitplatte ebenso, jedoch sind die Amplituden trotz gleicher Plattendimension bedeutend geringer als beim Aluminium (man beachte die Skalen für S!). Abgesehen davon tritt der positive Bereich bei Stellung II gegenüber den negativen Werten bei Stellung I viel stärker hervor. Auch die Praxis bestätigt, daß graphitische Gesteine viel weniger zu negativen Lateraleffekten neigen als Erze.

Man kann natürlich den Modellversuch nicht ohne weiteres auf den Fall Åkulla übertragen. Es besteht aber insofern eine gewisse Analogie, da die Moräne über der Vererzung recht trocken ist und vielleicht erst tiefer eine stärkere Durchfeuchtung des Porenraumes im Quarzporphyr vorliegt, der dann als einigermaßen homogener elektrolytischer Leiter angesehen werden kann. Der Übergang würde dem Wasserspiegel am Modellversuch entsprechen, während die Erzkörper mit ihrer Oberkante an einen Bereich anschließen, der als Ansammlung verschieden großer Gesteinsblöcke keinen guten galvanischen Kontakt mit ihnen herstellt. Nur über einzelne lehmige Ausfüllungen mag von den Elektroden her der Strom auf recht unsicheren Wegen dem Untergrund zufließen. Möglicherweise gehören auch die oberen Teile des Quarzporphyrs selbst noch zur ausgesprochenen Trockenzone, die wahrscheinlich über der Erzimprägnation tiefer herabreicht, weil hier die negativen Werte auftreten. In ihrem Bereich befinden sich die Erzkörper bei der WENNER-Anordnung mit $a = 40$ m — wie im Modellfall — zwischen Elektrode und Meßsonde, wobei durch die Überlagerung der negativen Lateralwirkung mit den positiven Polarisationsspannungen der Imprägnation recht sonderbare Formen bei den Abklingkurven entstehen.

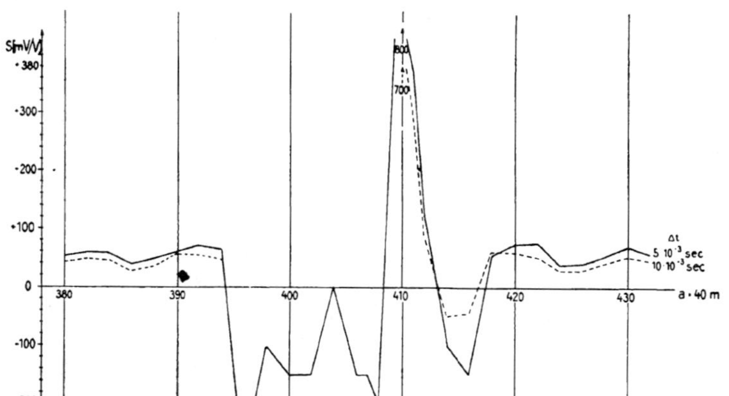

Abb. 8. Ergebnis von IP-Messungen über der Lagerstätte Näsliden (Nordschweden)

Ein anderes Minimum ist im Verlauf von S bei Punkt 570 angedeutet. Hier werden die drei kleinen Erzkörper diesmal von der rechten Stromelektrode und Meßsonde der Anordnung eingeschlossen. Es fehlt aber ein analoger Lateraleffekt auf der rechten Seite des einzelnen Erzkörpers bei Punkt 550. Die in diese Richtung einfallende Imprägnationszone könnte den Effekt überdecken, oder der homogene elektrolytisch leitende Halbraum reicht höher herauf.

Das große Minimum über der Imprägnation könnte auch durch die summierte laterale Wirkung mehrerer auf dem geologischen Profil nicht vollständig erfaßter Erzkörper zustande kommen. So zeigt Abb. 7 das Ergebnis weiterer Modellversuche über zwei Aluminiumplatten, die sich verschieden weit voneinander entfernt befanden. Dabei wurden, wie früher, wieder verschiedene Wasserstände im Versuchsbecken berücksichtigt. Beim Plattenabstand von 2 a ($a = 4$ cm) traten in der Mitte die paradoxen Werte von S unter -1000 mV/V auf, wenn die Platten aus dem Wasser herausragten ($h = +0{,}8$ cm). An dieser Stelle ist die von den Meßsonden aufgenommene Polarisationsspannung nach $5 \cdot 10^{-3}$ sec Abklingzeit tatsächlich höher als das von ihnen abgegriffene Potentialgefälle während der Erregung.

Das ist ganz offensichtlich die Folge eines summierten negativen Lateraleffektes, der durch die beiderseitige Stellung der Platten zwischen Stromelektrode und Meßsonde zustande kommt. Diese Bedingungen sind auch noch beim Plattenabstand von 2,5 a gegeben und ändern sich erst, wenn der Abstand die Gesamtausdehnung von 3 a der Meßanordnung erreicht.

Einen ganz ähnlichen Meßkurvenverlauf ergaben die Untersuchungen im Gebiet Näsliden in Nordschweden (Abb. 8), wo wenigstens drei sulfidische Erzkörper hintereinander folgen dürften, die das typische Auf und Ab mit extrem hohen Maxima und Minima von S erzeugen. Hier wurde bei weiteren Messungen mit $a = 60$ m auch schon der paradoxe Wert von $S < -1000$ m V/V beobachtet.

Die gestrichelten Kurven in Abb. 7 gehören zu den Messungen bei untergetauchten Modellen ($h = -0{,}3$ cm). Entsprechend den vorher beschriebenen prinzipiellen Experimenten (Abb. 6) verlaufen sie viel ausdrucksloser und lassen z. B. beim Abstand von 2,5 a kaum noch auf die Existenz von zwei getrennten Erzkörpern schließen.

Die Ergebnisse zeigen zusammenfassend, wie stark die mit der Vierpunktanordnung zu beobachtenden Polarisationseffekte von den geometrischen Verhältnissen und der Benetzung des Erzes durch den Elektrolyten abhängen. Wenn man durch möglichst kurzzeitige Erregungen die störenden Effekte des Nebengesteins (Ionenwanderung im Porenraum) vermeidet und das IP-Signal unmittelbar nach der Erregung untersucht, dann lassen sich offensichtlich besonders typische Wirkungen geschlossener Erzkörper feststellen, die z. B. bezüglich der negativen Werte von S auch auf Grund einfacher potentialtheoretischer Überlegungen zu fordern sind.

Die Ergebnisse legen aber auch nahe, in der Form des Abklingvorganges nicht allein die spezifische Wirkung der Substanz zu sehen. Es sind sicherlich dann noch bedeutende weitere Fortschritte auf dem Gebiet der IP-Messungen zu erwarten, wenn zu der schon von vielen Autoren stark ausgebauten Substanztheorie die eingehende Untersuchung über das Verhalten des Erzkörpers in seiner Gesamtheit hinzukommt.

Zusammenfassung

Es werden einige Erfahrungen bei IP-Messungen mit 0,1 sec langen Gleichstromimpulsen an Lagerstätten und Modellen mitgeteilt. Im Mittelpunkt der Betrachtung steht die Indikationsform in Abhängigkeit von der Geometrie der Elektrodenaufstellung, der Anordnung der Erzkörper und der Durchfeuchtung des Bodens. Danach können hohe negative Polarisationswerte auftreten, wenn sich der Erzkörper zwischen Strom- und Potentialelektrode befindet und gleichzeitig mit seinem oberen Teil in eine relativ ausgetrocknete Deckschicht hineinragt.

Резюме

Сообщается опыт при измерениях вызванной поляризации с импульсами постоянного тока с продолжительностью времени в 0,1 сек на месторождениях и моделях. Обсуждается форма показания в зависимости от геометрии расположения электродов, размещения рудных тел и влаги почвы. Получилось, что могут встречаться высокие отрицательные величины поляризации, если рудное тело оказывается между токовым и потенциальным электродами и верхняя его часть расположена в относительно высохшей толще.

Summary

An account is given of experiences made with 0.1 sec direct-current impulse IP measurements in deposits and patterns. The investigation above all refers to the type of indication as a function of electrode configuration geometry, ore body arrangement, and soil moisture. High negative polarization values are possible when the ore body is situated between current and potential electrode and, at the same time, with its upper part laps into a relatively desiccated covering.

Literatur

BALDWIN, R. W.: A Decade of Development in Overvoltage Surveying. — Mining Engineering, March 1959.

BLEIL, D. F.: Induced Polarization: A Method of Geophysical Prospecting. — Geophysics, 18, 1953.

BUCHHEIM, W.: Theoretische Betrachtungen und Versuche zur Unterscheidung elektrolytischer von metallischer Stromleitung im Boden beim Schürfen auf Sulfiderze. — Geologie, 3, S. 1009—1035 (1954).

BUCHHEIM, W. & D. MALMQVIST: Anwendung der Methode der induzierten galvanischen Polarisation an Sulfiderzvorkommen des Skellefte-bezirkes in Nordschweden. — Geologie, 7, S. 3—13 (1958).

MALMQVIST, D.: The geophysical Case History of the Kankberg Ore Deposit in the Skellefte District, North Sweden. — EAEG-Tagung, Den Haag 1958.

NOSSKE, G.: Eine neue leichte Feldausrüstung für die induzierte Polarisation mit Gleichstromimpulsen. — Z. angew. Geol., 5, 528—533 (1959).

POLJAKOW, A. S.: Zur Frage der induzierten elektrischen Potentiale in Gesteinen. — Moskau 1951 (russisch).

SAKOWZEW, G. P.: Über die Anwendbarkeit der Methode der induzierten Polarisation bei der Suche nach Sulfiderzlagerstätten. — Moskau 1955 (russisch).

ŠUMI, F.: Geophysical Exploration in Mining by Induced Polarization. — Geophysical Prospecting, Vol. VIII, Nr. 3, 1959.

VACQUIER, V., C. R. HOLMES, P. R. KINTZINGER u. a.: Prospecting for Ground Water by Induced Electrical Polarization. — Geophysics, 22, Nr. 3, Tulsa 1957.

Dichtewerte von Gesteinen des Erzgebirges und der angrenzenden Gebiete

Mitteilung aus dem VEB Geophysik

MANFRED KOPF, Leipzig

Die Reduktion und die Interpretation der in den letzten Jahren im Vogtland, Erzgebirge, Erzgebirgischen Becken und Frankenberger Zwischengebirge durchgeführten gravimetrischen Regionalvermessungen erforderten umfangreiche Dichteuntersuchungen. So wurden in diesen Gebieten vom Gesteinslabor des VEB Geophysik die Dichten von 7164 naturfeuchten Gesteinsproben aus insgesamt 765 Aufschlüssen nach der von KOPF, GROSSE & SONNTAG (1959) vorgeschlagenen Feldmethode der Dichtebestimmung festgestellt.

Pro Aufschluß wurden 10 bis 20 möglichst frische Gesteinsproben von jeweils 1 bis 3 kg Gewicht entnommen, an denen sofort im Gelände nach der Auftriebsmethode mit Hilfe einer Balkenwaage die Dichte ermittelt wurde. Da die Porositäten der untersuchten Gesteine im allgemeinen sehr gering sind, konnte mit Ausnahme der Kreidegesteine auf eine Paraffinierung verzichtet werden.

Eine eingehendere Auswertung der petrophysikalischen Untersuchungsergebnisse erfolgt für die einzelnen Gebiete getrennt. Hier werden lediglich alle von GRUNERT (1958), HAMEISTER (1956, 1958), HOFFMANN (1959), KOPF, GROSSE & SONNTAG (1959) und KOPF (1960) dargelegten, meist unveröffentlichten Dichtemittelwerte für die einzelnen Gesteinsarten tabellarisch zusammengefaßt, um eine Lücke in der Kenntnis der Dichten von paläozoischen, metamorphen und magmatischen Gesteinen zu schließen.

Aussagen über die Möglichkeit, die hier dargestellten Ergebnisse mit den Dichtewerten des gleichen Gesteinsmaterials aus anderen Gegenden zu korrelieren, können erst nach abgeschlossener Untersuchung dieser Gebiete getroffen werden.

Gesteinsart	Mittlere Dichte [g · cm⁻³]
Kreide	
Plänersandstein	1,90
Unterquader-Sandstein	2,15
Oberquader	2,15
Herrenleite-Sandstein	2,15
konglomeratischer Sandstein	2,20
Labiatus-Sandstein	2,20
schluffiger Schieferton	2,38
Buntsandstein	
konglomeratischer Sandstein (su)	2,50
Zechstein	
Plattendolomit	2,73
Rotliegendes	
kleinstückiges Konglomerat (ro)	2,65
grober Sandstein (ru)	2,60
Letten (ru)	2,59
Konglomerat (ru)	2,61
Oberkarbon	
Sandstein	2,72
Schieferton	2,70
Konglomerat	2,62
Unterkarbon	
Kulmtonschiefer	2,70
Kieselschiefer-Hornstein-Konglomerat	2,60
Devon	
Nereitenquarzit	2,64
Konglomerat	2,66
Tonschiefer	2,71
Knollenkalk	2,72
Flaserkalk	2,72
Gotlandium	
Kieselschiefer	2,62
Ordovizium	
Hauptquarzit	2,60
Tonschiefer	2,75
Phyllitformation	
Kalkphyllit	2,75
Albitphyllit	2,75
Quarzphyllit	2,76
phyllitischer Tonschiefer	2,76
tonschieferartiger Phyllit	2,77
Dachschiefer	2,78
Glimmerschieferformation	
heller Glimmerschiefer	2,78
dunkler Glimmerschiefer	2,78
Gneisglimmerschiefer	2,74
Gneisformation	
Roter Plattengneis	2,64
Roter Granitischer Gneis	2,64
Roter Riesengneis	2,66
Roter Augengneis	2,66
Roter Augengneis von Schwarzenberg	2,67
Hybridgranodioritgneis von Fürstenwalde	2,71
unterer Grauer Gneis	2,69
oberer Grauer Gneis	2,72
Grauer Plattengneis	2,73
hornblendeführender Gneis	2,85
Cordieritgneis	2,74
Chloritgneis	2,78
Granulit	2,68
Pyroxengranulit	3,06
Prasinit	2,90
Flasergabbro	2,84
Einlagerungen	
Bronzitserpentinit	2,51
Granatserpentinit	2,60
Quarzit	2,68
Quarzitschiefer	2,72
Kalkstein (Platte)	2,72
Kalkstein (Kaule)	2,81
Kalkstein im Glimmerschiefer	2,85
Hornblendeschiefer	2,90
Amphibolit	3,20
Eklogit	3,30

Gesteinsart	Mittlere Dichte [g · cm⁻³]
Kontaktmetamorphe Gesteine	
Granatglimmerfels	2,74
Frucht- und Knotenschiefer	2,76
Knotenglimmerschiefer	2,78
Andalusitglimmerfels	2,82
Diabastuff, kontaktmetamorph	3,00
Diabas, kontaktmetamorph	3,00
Magmatische Gesteine	
Porphyrtuff	2,30
Phonolith	2,45
Melaphyrmandelstein	2,55
Quarzkeratophyr	2,58
quarzarmer Porphyr in Decken	2,58
Granitporphyr von Frauenstein	2,59
Gangporphyr	2,60
Porphyr, hell, in Decken	2,60
Teplitzer Quarzporphyr	2,60
Granitporphyr von Altenberg	2,62
Hornblendeporphyrit	2,65
Quarzkeratophyr (Vogtland)	2,67
Porphyroid	2,68
Melaphyr, dicht	2,68
Diabasmandelstein	2,78
Diabastuff	2,90
Diabas	2,95
Basalt	3,10
Granit von Zinnwald	2,58
Granit von Altenberg	2,58
feinkörniger Granit von Bergen	2,58
Aplit	2,59
feinkörniger Biotitgranit von Kirchberg	2,59
Granit von Schellerhau	2,60
Turmalingranit von Bad Gottleuba	2,60
Zweiglimmergranit von Schwarzenberg	2,60
Biotitgranit von Mittweida	2,61
Granit von Markersbach	2,61
Granit von Hartmannsdorf	2,62
mittelkörniger Biotitgranit von Kirchberg	2,62
grobkörniger Granit von Bergen	2,62
Turmalingranit von Eibenstock	2,62
Granit von Berbersdorf	2,63
Granit von Fleyh	2,64
Granit von Niederbobritzsch	2,64
porphyrischer Mikrogranit	2,64
Granit von Geyer	2,64
Biotitgranit von Aue – Schneeberg	2,64
grobkörniger Biotitgranit von Kirchberg	2,64
Hornblendebiotitgranit	2,67
Granodiorit von Dohna	2,70
Hornblendesyenit	2,74
diopsidhaltiger Hornblendebiotitgranit	2,78
Pyroxensyenit	2,85

Literatur

GRUNERT, S.: Erläuterung der Dichtebezirkskarte zum Projekt „Frankenberger Zwischengebirge". – Arch. VEB Geophysik, Leipzig 1958.

HAMEISTER, E.: Über Gesteinsdichtebestimmungen im Osterzgebirge und an Kernen aus norddeutschen Tiefbohrungen. – Freib. Forsch.-H., C 23, 1956.

– Über die Raumerfüllung von Graniten, insbesondere der des Harzes und Westerzgebirges. – Ber. geol. Ges. DDR, 3, 202–208 (1958).

HOFFMANN, H.: Studie über zweckmäßige petrophysikalische Kartierungsarbeit im Gebirgsland. – Dipl.-Arb. Karl-Marx-Universität, Leipzig 1959.

KOPF, M.: Abschlußbericht über Dichtebestimmungen an Gesteinen im Gebiet Osterzgebirge. – Arch. VEB Geophysik, Leipzig 1960.

KOPF, M., S. GROSSE & K. SONNTAG: Abschlußbericht über Dichtebestimmungen an Gesteinen im Gebiet Westerzgebirge. – Arch. VEB Geophysik, Leipzig 1959.

Weitere vom VEB Geophysik eingereichte Beiträge erscheinen in den nächsten Heften.

D. Red.

Zeitschrift für angewandte Geologie (1961) Heft 6

Abhängigkeit des spezifischen Gewichts des Erdöls von der stratigraphischen Teufe

A. N. SNARSKY, UdSSR, z. Z. Freiberg (Sa.)

Die Bildung der Erdöllager infolge Migration wird nicht nur durch die Gesetzmäßigkeit der Verteilung der Erdöle in der Schicht bedingt, sondern auch durch die Mächtigkeit der erdölführenden Folge. Leider sind diese Gesetzmäßigkeiten für die ganzen Schichtenpakete komplizierter als für die einzelne Schicht, und nicht alle Forscher begründeten ausreichend ihre Meinung zu diesem Problem.

Nach A. F. DOBRJANSKIJ (1948) wird das spezifische Gewicht des Erdöls bestimmt durch:

1. den Gehalt an asphaltischen Beimischungen, die ein hohes spezifisches Gewicht besitzen;
2. die Natur der Stoffe, aus denen sich die Masse des Erdöls zusammensetzt;
3. das Molekulargewicht der Komponenten des Erdöls;
4. die im Erdöl gelöste Gasmenge.

In vielen Erdöllagerstätten nimmt das spezifische Gewicht des Erdöls mit zunehmender Teufe ab. Charakteristisch ist dies z. B. für gewisse Felder der Reviere von Grosny und Emba, für eine ganze Reihe von Lagerstätten des sowjetischen Teils der Karpaten, für einige Felder Rumäniens, für das Wiener Becken, Hannover, Pennsylvanien.

In anderen Feldern hat man dagegen mit zunehmender Teufe ein Zunehmen des spezifischen Gewichts festgestellt, z. B. in den Lagerstätten der Apscheron-Halbinsel, einigen Lagerstätten Rumäniens, Kaliforniens, Mexikos usw.

Beim Übergang aus einem großen stratigraphischen Komplex in einen anderen nimmt das spezifische Gewicht des Erdöls ab. So sind die Erdöle, die in den Diatomeen- und Maikop-Schichten eingelagert sind, leichter als die Erdöle der produktiven Serie.

Ältere Komplexe enthalten mit wenigen Ausnahmen anscheinend stets leichtere Erdöle. Nach W. A. USPENSKI und O. A. RADTSCHENKO sind die Erdöle aus dem Miozän des Nordkaukasus schwerer als die Erdöle aus dem Oligozän und die Erdöle des Mesozoikums leichter als die des Oligozän. Auf der Russischen Plattform wurden die schwersten Erdöle in den Ablagerungen des Perm und die leichten im Devon angetroffen. Die Erdöle aus dem Karbon nehmen eine Zwischenstellung ein.

Das Vorkommen von leichteren Erdölen im Paläozoikum gegenüber schwereren im Mesozoikum ist nach E. R. LILLEY auch für die Erdöllagerstätten der USA kennzeichnend. K. KREJCI-GRAF (1930) nimmt an, daß die Zunahme des spezifischen Gewichts mit zunehmender Teufe vorwiegend für paraffinbasische Erdöle und die Abnahme für asphaltbasische Erdöle kennzeichnend ist.

Für die meisten Erdöle wird mit abnehmendem Paraffingehalt eine gesetzmäßige Zunahme an Oxybitumen festgestellt (s. Tab.).

Tab. Verhältnisse zwischen dem Gehalt an oxygenen Harzen und an Paraffin in den Erdölen der Apscheron-Halbinsel (nach A. F. DOBRJANSKIJ)

Bezirk	Erdöl	Paraffin %	Oxygene Harze
Sych		7,5	6,0
Kara-Tschuchur		6,5	6,7
Surachany	paraffinhaltiges	4,0	8,0
Surachany	paraffinhaltiges	3,0	9,5
Kara-Tschuchur	NKP	2,1	9,6
Ramany		1,5	12,0
Balachany	leichtes	0,8	13,4
Sabuntschi		0,9	14,4
Bibi-Ejbat	schweres	0,7	25,0
Schubany		0,6	34,0
Puta		0,6	30,0
Balachany	schweres	0,5	26,0
Surachany	Pk	0,4	28,0
Binagady		0,3	30,0

Abnahme des spezifischen Gewichts der Erdöle mit zunehmender Teufe

Wie bereits gesagt, ist diese Gesetzmäßigkeit für asphaltbasische Erdöle charakteristisch.

Für viele Lagerstätten, die sowohl asphaltbasisches als auch paraffinbasisches Erdöl enthalten, ist kennzeichnend, daß die asphaltbasischen Erdöle über den paraffinbasischen lagern. So gehören z. B. die asphaltbasischen Erdöle im Wiener Becken, deren spezifisches Gewicht 0,920 bis 0,934 beträgt, zum Sarmat und zum oberen Torton. Darunter lagern die paraffinbasischen Erdöle mit einem spezifischen Gewicht von 0,794 bis 0,910. Hier nimmt der Gehalt an Oxybitumen mit zunehmender Teufe ab. Eine gleichartige Verteilung ist aus der Volksrepublik Rumänien bekannt. Diese Lagerung der asphaltbasischen Erdöle über den paraffinbasischen scheint für das gesamte erdölführende Gebiet der Karpaten charakteristisch zu sein.

Abb. 1 zeigt, daß das spezifische Gewicht der Erdöle anscheinend durch die Menge der im Erdöl enthaltenen Oxybitumina bestimmt wird[1]), und zwar erhöht die Zunahme der Oxybitumina das spezifische Gewicht der asphaltbasischen Erdöle.

Die Oxydation der Erdöle und ihre Verwitterung, d. h. die Verringerung des Anteils an leichten Fraktionen, wird als Ursache für die Zunahme an Oxybitumina in den Erdölen angesehen. Ein Teil der Geologen ist geneigt, die Lager der oxybituminösen Erdöle sowohl mit erdgeschichtlich jungen als auch mit älteren Denudationszonen zu verbinden. Wenn erdölführende Schichten durch die Denudation in den Bereich der Verwitterung gelangen, werden die oxybituminösen Erdöle unter dem Einfluß des Sauerstoffs z. T. polymerisiert.

Da in zahlreichen Fällen eine Verbindung der Lagerstätten oxybituminöser Erdöle mit den Zonen der Denudation besteht, muß man anscheinend die Möglichkeit einer Zunahme des spezifischen Gewichts der Erdöle infolge ihrer Oxydation ausschließen. Die Möglichkeit einer Verwitterung und z. T. auch die Oxydation ist in oberflächennahen Zonen zwar gegeben, aber diese Zonen erstrecken sich nicht in große Teufen.

Die Zunahme des Oxybitumengehalts in den Erdölen und folglich auch die Zunahme des spezifischen Gewichts muß man daher wahrscheinlich mit der Erhöhung der asphaltischen Komponente durch die Erdölmigration in Verbindung bringen.

Die Abhängigkeit des Sauerstoffgehalts vom Gehalt an Oxybitumina in den Erdölen ist aus Abb. 2 er-

[1]) Der Gehalt an Oxybitumina stellt die Menge der asphaltbasischen Stoffe dar, die im Erdöl enthalten sind und durch Schwefelsäure absorbiert werden. Er wird in Volumenprozenten ausgedrückt. Nach A. F. DOBRJANSKIJ beträgt der Gehalt an Oxybitumina annähernd das Doppelte des tatsächlichen Gehalts an asphaltbasischen Stoffen.

sichtlich, und zwar je größer der Oxybitumengehalt, um so mehr Stickstoff tritt in den Erdölen auf. Jedoch läßt sich die Zunahme des Stickstoffs organogenen Ursprungs in den Erdölen bei Annäherung an die Erdoberfläche nicht sicher erklären. Wahrscheinlich wird das Erdöl beim Kontakt mit Wasser teilweise durch bakterielle Vorgänge mit Stickstoff angereichert. Aber nicht überall findet im Bereich des Wasser-Erdöl-Kontakts Stickstoffbildung statt.

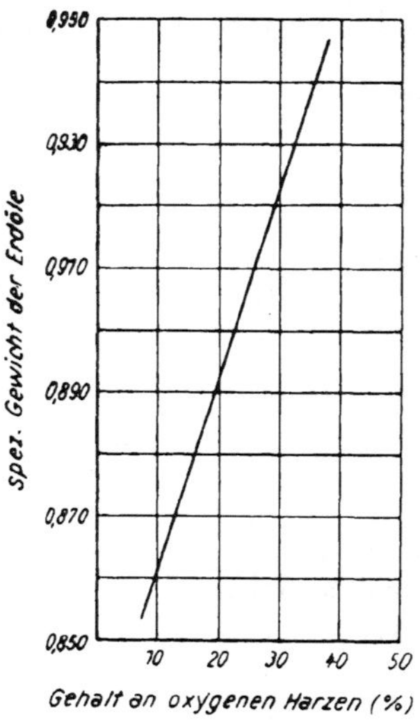

Abb. 1. Abhängigkeit des spezifischen Gewichts einiger sowjetischer Erdöle vom Gehalt an oxygenen Harzen

Die Zunahme an Stickstoff bei Annäherung an die Erdoberfläche läßt auch vermuten, daß sich in der Verwitterungszone teilweise der Stickstoff der Luft im Erdöl anreichert. Diese Einwirkung der Luft kann einige hundert Meter Teufe erreichen. Zum Teil kann die Stickstoffzufuhr auch durch zirkulierende Wässer erfolgen. Ein gleichartiger Transport von Sauerstoff ist jedoch ausgeschlossen, da der Sauerstoff vorwiegend für die Oxydationsvorgänge aufgebraucht wird.

Die Rolle des Stickstoffs ist nicht ganz klar. Es besteht die Möglichkeit, daß der Stickstoff in die elementare Zusammensetzung der Erdöle eingeht und den Kohlenwasserstoffen das Wasserstoffradikal entzieht. Dies ist möglich, wenn man die spezifische Zusammensetzung der Schichtwässer berücksichtigt. Es findet somit eine eigenartige Polymerisation der Erdöle und die Bildung von Oxybitumina statt, an deren Aufbau neben Sauerstoff und Schwefel Stickstoff beteiligt ist. Bestätigt sich diese Vermutung, dann erhöht sich in den asphaltbasischen Erdölen der Gehalt an asphaltischen Stoffen, wenn die Erdöle durch Migration in Zonen gelangen, in denen die Möglichkeit der Stickstoffanreicherung besteht. Die Zunahme des spezifischen Gewichts der Erdöle bei Annäherung an die Tagesoberfläche kann man auch dadurch erklären, daß die älteren Gesteine im allgemeinen ein niedrigeres Reduktionsniveau haben müßten als die jüngeren Ablagerungen.

Auch wenn man darüber hinaus annimmt, daß alle Erdölspeichergesteine in den stagnierenden Zonen liegen, in die kein Sauerstoff eindringen kann, so läßt sich die Herausbildung eines streng reduzierenden Milieus sowohl in den Grenzzonen des Erdöl- bzw. Gaslagers als auch in den dem Lager benachbarten Zonen nur schwer erklären. Nach den mineralischen Daten haben sich aber in den Grenzzonen der Lager viele Speichergesteine im halbreduzierten Milieu abgelagert.

Mit aller Wahrscheinlichkeit reduziert das Erdöl, indem es in das Speichergestein eindringt, das Medium teilweise wieder und erzeugt eine streng-reduzierende Umgebung, ohne die die Erhaltung des Lagers geologisch lange Zeiten hindurch undenkbar ist.

Das Reduktionsvermögen der Kohlenwasserstoffe wird z. B. dadurch bestätigt, daß lange vor der Erschließung eines Erdöl- oder Gaslagers in zahlreichen Lagerstätten die Farbe des Gesteins von einer roten und braunen Tönung in eine dunkelbraune und graue Tönung übergeht.

Wenn man das Reduktionsvermögen der Erdöle und die Tatsache, daß die Speichergesteine entsprechend ihrer Annäherung an die Erdoberfläche im allgemeinen weniger reduziert sein müßten, anerkennt, ist die Zunahme des spezifischen Gewichts des Erdöls durch Oxydation im Prozeß der Reduktion des Speichergesteins durch Polymerisation vollkommen verständlich.

Zunahme des spezifischen Gewichts der Erdöle mit zunehmender Teufe

Diese Gesetzmäßigkeit ist für paraffinbasische Erdöle kennzeichnend. Ein allgemein bekanntes Beispiel der allmählichen Veränderung des spezifischen Gewichts und einer gleichzeitigen Veränderung der Farben mit zunehmender Teufe ist die Verteilung des Erdöls in Surachany. Hier wurden in geringen Teufen durchsichtige „weiße" Erdöle angetroffen. Industrielle Bedeutung erlangte dieses Feld jedoch erst nach dem Niederbringen einer verhältnismäßig tiefen Bohrung und der Erschließung einer Erdöl normaler Färbung enthaltenden Schicht.

In der Lagerstätte Cămpina (Volksrepublik Rumänien) wurde in 100 m Teufe ein hellgelbes, paraffinhaltiges Erdöl mit einem Benzingehalt von 50% angetroffen, in 200 m Teufe nahm das Erdöl eine rötliche Farbe an, in 500 m Teufe eine dunkelbraune Farbe und in 900 m Teufe trat ein schwarzes asphaltisches Erdöl auf.

Leichte, dunkelgefärbte Erdöle fand man in flachliegenden Schichten in mehreren Bezirken im sowjetischen Teil der Karpaten und auch an anderen Orten.

Charakteristisch ist dabei, daß in allen Lagern in geringen Teufen kleine Mengen helles und leichtes Erdöl auftraten, was auf ein Ausfließen der Erdöle hinweist und auf ihre Bildung durch Infiltration aus den tieferliegenden Schichten zurückzuführen ist.

Die Zunahme des spezifischen Gewichts der Erdöle mit zunehmender Teufe hängt in diesem Fall mit der Abnahme des Austritts an leichten Fraktionen zusammen. Eine Erklärung durch Erhöhung der Temperatur mit zunehmender Teufe ist anscheinend nicht möglich, da diese Änderung des spezifischen Gewichts nur in einer verhältnismäßig kleinen Zone der Temperaturerhöhung erfolgt.

Die Verringerung des spezifischen Gewichts des paraffinhaltigen Erdöls in Richtung auf die Erdoberfläche erklärt sich durch seine Infiltration aus den tiefer gelagerten Schichten und dem damit verbundenen Verlust an schweren, ursprünglich zum Erdöl gehörenden Komponenten (vorwiegend Asphalte).

In den Erdölen gelöste Paraffine befinden sich in Suspension. Bei der Migration der Erdöle von unten nach oben und beim Eintritt in die Zone niedrigerer Temperaturen nimmt die Viskosität der Erdöle zu.

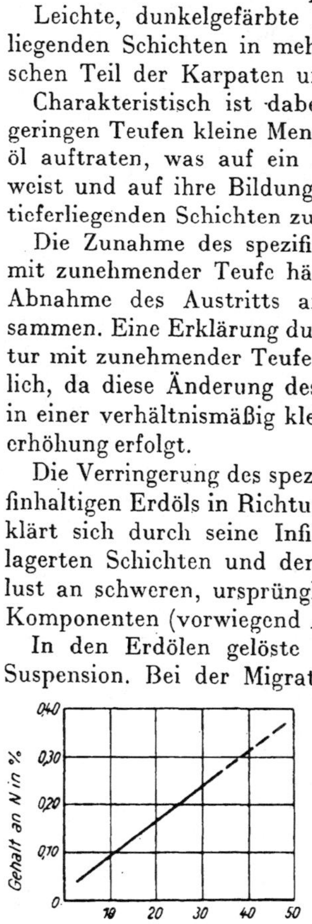

Abb. 2. Abhängigkeit der Stickstoffgehalte in einigen sowjetischen Erdölen vom Gehalt an oxygenen Harzen

Bekanntlich gehen die paraffinhaltigen Erdöle sogar bei Temperaturen von über 20° C in einen zähflüssigen Zustand über. Da bei einer weiteren Migration nur die beweglichsten Komponenten migrieren können, findet eine selektive Trennung statt; die paraffinarmen und mit Benzinfraktionen angereicherten, beweglichen Komponenten migrieren auf eine maximale Höhe, die durch den Druckabfall und die hydraulischen Widerstände bedingt ist. Möglicherweise läßt sich hierdurch auch eine Abnahme des spezifischen Gewichts und die Zunahme der Benzinfraktion in Richtung auf die Erdoberfläche erklären. Da Paraffine schwer Öle abgeben, nimmt bei einer selektiven Verteilung der Erdölkomponenten und einer gleichzeitigen Abnahme der tiefsiedenden Fraktionen der Gehalt an Ölen zu. Erklärt man auf diese Weise die Abnahme des spezifischen Gewichts der Erdöle bei der Migration zur Erdoberfläche, so muß man die Ursache dafür also nicht in den Adsorptionseigenschaften der Gesteine suchen. Diese wirken zwar ebenfalls, sind aber kaum entscheidend. Die während der Migration der Erdöle erfolgende Trennung von paraffinhaltigen Bestandteilen wird weniger durch die Adsorptionseigenschaften der Gesteine bedingt; sie ist vielmehr durch die Abnahme des Asphaltgehalts infolge der selektiven Trennung der Komponenten im Migrationsprozeß der Erdöle zu erklären.

Die Versuche von REYNOLD zeigten, daß der Fließcharakter von Flüssigkeiten in Rohren abhängt: von der Fließgeschwindigkeit der Flüssigkeit, vom Rohrdurchmesser, von der dynamischen Viskosität und der Dichte der Flüssigkeit.

Die Migration des Erdöls in porösen Gesteinen ist selbstverständlich anderer Art als seine Fortbewegung in Rohren. Im Erdöl, das ein kompliziertes Gemisch von Kohlenwasserstoffen darstellt, haben die einzelnen Komponenten eine unterschiedliche dynamische Viskosität und Dichte, so daß sich die Fortbewegung dieser kompliziert zusammengestellten Flüssigkeit von der des Wassers unterscheidet.

Abb. 3. zeigt die Migration des Erdöls durch ein durchlässiges Gestein. Der Einfachheit halber wird der Elastizitätskoeffizient des Erdöls ausgeschlossen und somit das Erdöl als eine komplizierte, jedoch inkompressible Flüssigkeit betrachtet. Der Strom kann durch Druckabfall, Geschwindigkeit und durch die Menge des Erdöls, die den Querschnitt a, b, c, d, e durchfließt, gekennzeichnet werden. Die die Poren miteinander verbindenden Kanäle weisen einen unterschiedlichen Durchmesser auf, wie auch aus der Abbildung deutlich hervorgeht.

Der innere und äußere hydraulische Widerstand ruft bei der Fortbewegung des Erdöls einen gewissen Druckabfall hervor (Abb. 3A). Infolge des allgemeinen Druckabfalls wird in den verengten Stellen, d. h. dort, wo die Fortbewegungsgeschwindigkeit der Flüssigkeit größer und folglich auch eine größere Kraft anzuwenden ist, ein großer Druckabfall konstatiert.

Da wir ein inkompressibles Erdöl angenommen haben, bleibt die Menge des durchfließenden Erdöls auf dem gesamten Weg gleich (Abb. 3B). Die Geschwindigkeit der Fortbewegung bleibt bei den unterschiedlichen Querschnitten in der Zeiteinheit pro Flächeneinheit jedoch nicht konstant. Je größer der Querschnitt, um so geringer ist die Fortbewegungsgeschwindigkeit, aber um so größer ist die Erdölmenge, die transportiert wird (Abb. 3C). Die Zunahme der migrierenden Flüssigkeitsmenge wird durch die inneren Widerstände bedingt. Da das Erdöl ein Gemisch von Kohlenwasserstoffen verschiedener dynamischer Viskosität und Dichte darstellt, findet bei einer laminaren Fortbewegung eine Trennung der einzelnen Komponenten statt. Die weniger viskosen und weniger dichten Kohlenwasserstoffe werden sich schneller bewegen, und viskosere und dichtere Kohlenwasserstoffe werden sich in den Zonen geringer Geschwindigkeit, also in den Poren und nicht in deren Verbindungskanälen, anhäufen.

Die Akkumulation der viskoseren und dichteren Homologe der Kohlenwasserstoffe führt zur allmählichen Verengung des freien Querschnitts der Poren und damit zur Verringerung der Durchlässigkeit des Mediums.

Die Ansicht, daß die Durchlässigkeit des Gesteins bei der Erdölfiltration abnimmt, wird von vielen Forschern vertreten. R. A. TREBIN (1954) nimmt z. B. an, daß die Abnahme der Durchlässigkeit durch die Absorption der schwersten Kohlenwasserstoffe auf der Oberfläche der Gesteinsteilchen hervorgerufen wird.

Möglicherweise läßt sich durch die selektive Migration der das Erdöl zusammensetzenden Kohlenwasserstoffe das Auftreten der schweren und viskosen Erdöle in den grobkörnigen Gesteinen, das Auftreten der leichten und weniger viskosen Erdöle in den feinkörnigen Gesteinen und das Auftreten des Gases in den feinkörnigsten Gesteinen einer Erdöl- und Gaslagerstätte erklären. Diese Erscheinung ist jedoch nur eine von vielen Faktoren, die die Erdölverteilung in den Fallen beeinflussen.

Das Erdöl besitzt weiterhin eine gewisse Elastizität, die die Elastizität von Wasser übertrifft. Die Elastizität der Gas enthaltenden Erdöle ist bedeutend größer als die Elastizität der Erdöle ohne gelöstes Gas. Somit sind auch die Filtrationsbedingungen unterschiedlich. Bei einem gewissen Gehalt an gelöstem Gas tritt keine Dämpfung der Filtration mehr auf. Eine Absonderung des Gases aus dem Erdöl führt jedoch zur Erhöhung seiner Viskosität, was logischerweise zur Dämpfung der Filtration führen kann.

Auf der Apscheron-Halbinsel sind die paraffinhaltigen Erdöle arm an Asphalt. Bei der selektiven Trennung, die durch die Veränderung der Temperatur und durch die Filtration auf einem Migrationsweg mit großen hydraulischen Widerständen hervorgerufen wird, werden nicht nur das Paraffin, sondern auch die asphaltischen Komponenten zurückgehalten. Das ruft die Zunahme der tiefsiedenden Fraktionen und die Klärung der Erdöle hervor.

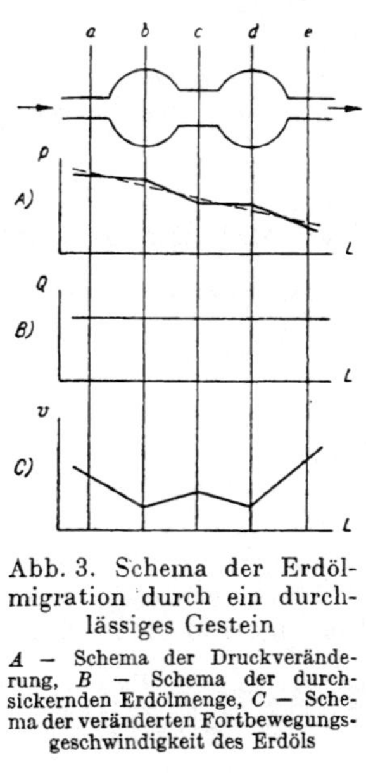

Abb. 3. Schema der Erdölmigration durch ein durchlässiges Gestein

A — Schema der Druckveränderung, *B* — Schema der durchsickernden Erdölmenge, *C* — Schema der veränderten Fortbewegungsgeschwindigkeit des Erdöls

Wenn das Erdöl nur einen verhältnismäßig geringen Paraffingehalt aufweist, bleiben die asphaltischen Bestandteile in größeren Mengen im Erdöl zurück, wodurch die leichten Erdöle ihre dunkle Farbe erhalten.

Es kann noch die Frage auftauchen, aus welchem Grunde die Erdöle, nachdem sie in oberflächennahe Zonen eingedrungen sind, nicht oxydieren, sich nicht mit Sauerstoff anreichern, d. h., warum nicht durch den Sauerstoff der Luft eine Zunahme der asphaltischen Bestandteile stattfindet. Hier ist vor allem den Forschern zuzustimmen, die darauf hinweisen, daß sich die Asphalte nicht durch den Sauerstoff der Luft bilden. Paraffinhaltige Erdöle, oder genauer gesagt, Paraffine können bei Zutritt des Sauerstoffs der Luft nur bei verhältnismäßig hohen Temperaturen und in Anwesenheit solcher Katalysatoren, die es unter natürlichen Verhältnissen nicht gibt, oxydieren.

Für die Zunahme des spezifischen Gewichts mit zunehmender Teufe ist noch eine Erklärung möglich, nämlich die Entfernung der leichten Fraktionen unter Einfluß der Temperatur. Je tiefer das Erdöl lagert, um so höher ist die Temperatur und um so niedriger der Anteil an leichten Fraktionen. Diese Hypothese wird jedoch durch die Praxis nicht bestätigt, da bekanntlich die Temperaturen der Devonablagerungen der Russischen Plattform höher sind als die des Karbons und Perms, die Devonöle aber leichter als die höherliegenden Erdöle.

Diese Überlegungen über die Veränderung des spezifischen Gewichts der Erdöle mit zunehmender Teufe basieren auf der Anerkennung der Migration und umfassen auf keinen Fall alle Gegebenheiten der natürlichen Verhältnisse. Die geologisch-tektonische Entwicklung der Erdkruste führte nämlich zur Instabilität der Fallen.

Wenn sich das in den Fallen akkumulierende Erdöl nicht verlagerte, dann würde sich die Metamorphose des Erdöls nur in Form einer Umwandlung der komplizierten Erdöle in einfachere auswirken und entsprechend der Tiefe der Umwandlung wäre auf die Zeit der Lagerbildung zu schließen.

Aber die Lage der Fallen im Raum, das hydrogeologische und geochemische Milieu, die Migrationswege und -richtung, der Einfluß der Temperatur, des Druckes usw. veränderten sich während der geologischen Entwicklung. So führten diese Faktoren zur weiteren Migration der Erdöle und beeinflussen ständig aufs neue die Zusammensetzung des Erdöls, die Gesteine, durch die die Erdöle migrieren, und die Speichergesteine.

Alle diese Faktoren wären verhältnismäßig einfach einzuschätzen, wenn sich das Erdöl einst, z. B. in den unteren Schichten des Paläozoikums, gebildet und in den folgenden Zeiten in Übereinstimmung mit den geologischen und physikalisch-chemischen Gesetzmäßigkeiten der Entwicklung der Erdkruste nur verlagert hätte. Aber die Bildung des Erdöls fand nicht nur in einer Formation der Erdgeschichte statt. In den mächtigen Sedimentschichten wurde mehrmals organisches Material eingebettet, das Ausgangsstoffe zur Bildung von Erdöl und Gas geliefert hat, und es bestanden danach ebenfalls Verhältnisse, die für die Umbildung dieser organischen Substanz in die zahlreichen Kohlenwasserstoffe und für die Verlagerung des Erdöls und des Gases in die Fallen günstig waren. Die erdgeschichtlich älteren Prozesse der Bildung und Zerstörung der Lager und der Umwandlung der Erdöle wurden durch neue Vorgänge überlagert, die eine einfache und eindeutige Lösung der Probleme der Erdölgeologie und -geochemie erschweren.

Zusammenfassung

Für asphaltbasisches Erdöl ist mit zunehmender Teufe eine Abnahme und für paraffinbasisches Erdöl eine Zunahme des spezifischen Gewichts charakteristisch. Bestimmend für das spezifische Gewicht der asphaltbasischen Erdöle ist der Gehalt an Oxybitumen, und zwar erhöht sich bei seiner Zunahme das spezifische Gewicht. Das von der Teufe abhängige spezifische Gewicht paraffinbasischer Erdöle wird durch die selektive Trennung bei der Migration erklärt. Die Vorgänge, die zur Bildung von Oxybitumen und zur selektiven Trennung führen, werden beschrieben.

Резюме

Для нефти с асфальтовым основанием характерно уменьшение удельного веса с возрастающей глубиной, между тем как нефть с парафиновым основанием отличается увеличением удельного веса. Решающее влияние на удельный вес нефтей с асфальтовым основанием оказывает содержание окисленных битумов; при увеличении содержания этих битумов возрастает удельный вес. Зависящий от глубины удельный вес нефтей с парафиновым основанием объясняется избирательным разделением при миграции. Описываются процессы, приводящие к образованию окисленных битумов и к избирательному разделению.

Summary

With increasing depth a decrease of the specific gravity is characteristic of asphalt base petroleum, while paraffin base petroleum shows an increase. The determinant factor for the specific gravity of asphalt base petroleum is its oxybitumen content, that is to say the specific gravity rises when this content is increased. The depth dependent specific gravity of paraffin base petroleum is interpreted by a selective separation during migration. The processes involving formation of oxybitumen and selectrive migration are described.

Literatur

Dobrjanskij, A. F.: Erdölchemie. — Gostoptechisdat, Moskau 1948.
Krejci-Graf, K.: Grundlagen der Erdölgeologie. — F. Enke Verlag, Stuttgart 1930.
Trebin, R. A.: Experimentelle Untersuchungen der Fließverhältnisse von Flüssigkeiten und Gasen in porösen Medien. — Ausg. d. wiss. Forsch.-Inst. f. Erdöl u. Gas, 3. Aufl., Gostoptechisdat, Moskau 1954.

Zonarität und einige andere Besonderheiten der Molybdänlagerstätte Ost-Kounrad[1]

F. W. Tschuchrow

Die Molybdänlagerstätte Ost-Kounrad liegt im nördlichen Balchaschgebiet, im Gebiet der Kounrader varistischen Granitintrusion. Die Erzkörper bilden ein 8 km langes Gangsystem. Die einzelnen Gänge lösen einander kulissenartig im Streichen ab oder laufen unter spitzem Winkel aufeinander zu. Die Erzgänge liegen in den Graniten und sind im Vergleich zu den magmatischen Ganggesteinen (Aplite, seltener Porphyrite) spätere Bildungen.

Die Erzgänge werden in der Regel von Greisen begleitet. Die Zusammensetzung der Gangfüllung und der Greisen ist in den verschiedenen vertikalen Zonen des Gangsystems unterschiedlich.

In der Lagerstätte kann man in vertikaler Richtung drei Zonen unterscheiden, die ihre Bildung einem einheitlichen Prozeß verdanken: a) Erzzone, b) über dem Erz befindliche Zone und c) unter dem Erz befindliche Zone.

[1] Aus: „Materialien für die Allunionsberatung zur Ausarbeitung wissenschaftlicher Grundlagen für das Aufsuchen verborgener Erzkörper (Thesen der Vorträge und Mitteilungen)", Moskau 1958, S. 60—62 (russ.). Übers.: Oestreich

Die Erzzone ist durch eine erhebliche Molybdänkonzentration, sowohl in der Gangfüllung als auch in den Greisen, gekennzeichnet. Charakteristische Mineralien der Gangfüllung sind außer Molybdänglanz Pyrit, Mikroklin, Flußspat und feinschuppiger Glimmer aus der Muskovit-Gruppe. Weiterhin kommt Ilmenorutil in geringen Mengen vor. Stellenweise sind Sellait, Phlogopit, Fluorapatit und andere Mineralien zu finden; Wolframit ist nur in den oberen Teilen der Erzzone zu beobachten. In der Gangfüllung bildet der Molybdänglanz sphärolithartige Gebilde, ferner bis über 5 cm breite Salbandsäume von strahlig-blättrigem Aufbau. Der Querschnitt der kompakten Molybdänglanzaggregate beträgt bis zu 10—15 cm.

Bei den Greisen der Erzzone handelt es sich um molybdänglanzführende Quarzgreisen, die geringe Mengen Pyrit und Glimmer vom Muskovit-Typ enthalten. Der Molybdänglanz im Greisen ist sehr feinschuppig.

Die Erzzone ist 110—200 m mächtig. Für sie sind ziemlich mächtige, aushaltende Gänge charakteristisch. Der Übergang von der Erzzone in die über dem Erz befindliche Zone ist allmählich. Der Übergang von der Erzzone zu der unter dem Erz befindlichen Zone ist stellenweise allmählich, stellenweise scharf.

Die unter dem Erz befindliche Zone, die zwar durch eine ziemlich aushaltende Mächtigkeit der Gangfüllung gekennzeichnet ist, enthält keine abbauwürdigen Molybdänkonzentrationen. Für die Gangfüllung ist eine sehr arme Mineralisation charakteristisch. Neben dem Gangquarz treten in geringer Menge Glimmer vom Muskovit-Typ, Mikroklin, Pyrit, Ilmenorutil und hin und wieder Molybdänglanz auf; Wolframit und Beryll wurden nicht festgestellt.

Eine Besonderheit des Greisens der unter dem Erz befindlichen Zone besteht darin, daß im gesamten Greisenkörper oder in der Übergangszone vom Quarzgreisen zum Granit Albit vorkommt. In der Nähe der Grenze zur Erzzone wurde der Albit stellenweise durch feinschuppigen Glimmer (Sericit) verdrängt. Die Vergreisung nimmt in der unter dem Erz befindlichen Zone bis zum völligen Fehlen ab.

Die über dem Erz befindliche Zone, die etwa 140—150 m mächtig ist, wird durch einen geringfügigen oder fehlenden Molybdänglanzgehalt und durch einen hohen Pyritgehalt in der Gangfüllung charakterisiert. Feldspat ist in geringeren Mengen zu beobachten, der Gehalt an Glimmer vom Muskovit-Typ ist sehr erheblich. Wolframit tritt relativ selten auf, Ilmenorutil fehlt. Sehr typisch für die über dem Erz befindliche Zone sind absetzige Salband-Glimmersäume, die an Stelle der für die Erzzone charakteristischen Molybdänsäume auftreten. Die Trümer und Gänge dieser Zone zeigen nur relativ geringe Ausdehnung.

Die Greisen der über dem Erz befindlichen Zone sind pyritführende Glimmer-Quarz-Greisen. Sie entstanden bei den niedrigsten Temperaturen und werden durch deutlich erkennbaren reliktischen Quarz der Granite und Pseudomorphosen von kryptokristallinem Glimmer nach Feldspäten gekennzeichnet.

Auf der Lagerstätte ist infolge des Einfallens des Gangsystems die horizontale Zonarität deutlich ausgeprägt. Im zentralen Teil des Gangsystems findet man die Erzzone aufgeschlossen, auf der westlichen bzw. östlichen Flanke die über dem Erz bzw. die unter dem Erz befindliche Zone. Die westliche Flanke des Gangsystems mit an die Oberfläche ausstreichenden Gängen und Trümern der über dem Erz befindlichen Zone wird durch das Aufteten einer „blinden" Vererzung in der Tiefe charakterisiert.

Die Abgabe der mineralbildenden Substanzen aus dem Magma erfolgte im Bereich der Kounrader Granitintrusion nicht gleichartig. Die am frühesten abgegebenen Lösungsanteile bewirkten die Mikroklinisierung und besonders die Albitisierung der Granite. Später entstanden die Hochtemperaturgänge der Molybdänglanz-Quarz-Formation, dann die in verschiedenen Teilen des Intrusivs verbreiteten, bei niedrigerer Temperatur entstandenen Gänge und Trümer des Bänderquarzes, bisweilen mit abbauwürdigem Molybdängehalt. Beide stellen im Vergleich mit den für die Lagerstätte Nord-Kounrad charakteristischen Gängen der Wolframit-Quarz-Formation frühere Bildungen dar.

A. I. GINSBURG & G. G. RODIONOW, UdSSR

Die Bildungstiefe granitischer Pegmatite[1)]

Referiert von H. SCHULZ, Gera

Auf Grund ihrer durchgeführten Untersuchungen kamen die Verf. in ihrer außerordentlich interessanten Arbeit zu folgenden Schlüssen:

1. Die Vielfalt der granitischen Pegmatittypen wird nicht nur durch die geochemische Besonderheit der Stammgranite oder durch die Entwicklung der pegmatitischen Prozesse bedingt, sondern hängt in erster Linie von ihrer Bildungstiefe ab.

2. Die Pegmatite können sich in sehr großen, großen, mittleren und relativ geringen Teufenbereichen gebildet haben. Jede dieser Tiefenfazies ist durch eigene geologische, strukturelle und texturelle Besonderheiten und durch eine unterschiedliche Vererzung charakterisiert.

3. Die Pegmatite der einzelnen Tiefenfazies unterscheiden sich folgendermaßen:

a) Das Alter der Pegmatite spiegelt in gewissem Grade die Bildungstiefe wider, so daß von den ältesten Pegmatiten wahrscheinlich nur noch Tiefenbildungen erhalten blieben. Daher sind auch fast alle Pegmatite der Seltenen Erden recht alt (hauptsächlich archäisch, seltener proterozoisch), doch gibt es auch analoge Bildungen kaledonischen und variskischen Alters. Demgegenüber trifft man Pegmatite der seltenen Metalle in allen Altersstufen an, während Kristallpegmatite vorwiegend jünger sind.

b) Die Metamorphose der umgebenden Gesteine stellt eines der wichtigsten Kennzeichen dar, das bis jetzt kaum Beachtung fand. Bei der eingehenden

[1)] Aus: Geologie der Erzlagerstätten, H. 1, 1960, S. 45—54

Vergleichende Charakteristik von Pegmatiten verschiedener Tiefenfazies

	Pegmatite großer Tiefen		Pegmatite mittlerer Tiefen	Pegmatite geringer Tiefen
	mehr als 8 km	6 – 8 km	4 – 6 km	weniger als 4 km
Wirtschaftlich bedeutende Pegmatittypen	Pegmatite der Seltenen Erden (Monazit-, Orthit-, Uran-Seltene-Erden-Pegmatit)	Muskovit- und keramische Pegmatite	Pegmatite der seltenen Metalle (Tantal-Beryllium, Glimmer, Spodumen, Lepidolith)	kristallführende Pegmatite (Morion, optischer Fluorit u. a.)
Alter	archäisch	präkambrisch, bedeutend seltener auch kaledonisch und variskisch	unterschiedlich	hauptsächlich spätvariskisch mesozoisch
Charakter der Mutterintrusion	Alaskit- und Mikroklin-Granite	Biotit-, Mikroklin-Plagioklas-Granite	Biotit-, Mikroklin-Plagioklas-Granite	Zweiglimmer- und Muskovit-Granite
Zusammensetzung des Nebengesteins	Hypersthen-, Biotit-Granat-, Biotit-Hornblende-, Diopsid-, Cordierit- und Sillimanit-Gneise und ihre Migmatite, Pyroxen-Plagioklas-Quarzfreie Schiefer	Biotit-, Zweiglimmer-, Biotit-Granat-Diopsid-, Biotit-Granat-Muskovit-Staurolith-Gneise und Schiefer und ihre Migmatite, Quarzite, Marmore, Amphibolite	Feinkörnige, knotige Muskovit-Biotit-Cordierit-, Cordierit-, Muskovit-Andalusit-, Biotit-Quarz-Schiefer, Amphibolite und Kalksteine	Phyllite, Chloritschiefer, Sandsteine, Tonschiefer
Metamorphosefazies	Granulitfazies	Staurolith-Cyanit-Subfazies	Cordierit-Antophyllit-Subfazies	Fazies der Grünschiefer und der nichtmetamorphen Gesteine
Gesteinsbildende Mineralien	Mikroklin, Quarz	Plagioklas, Mikroklin, Quarz	Mikroklin, Quarz, Spodumen, Albit	Mikroklin, Quarz
Nutzbare Komponenten	Orthit, Monazit, Xenotim, Euxenit	Muskovit, gelegentlich Beryll, keramische Rohstoffe	Spodumen, Petalit, Amblygonit, Lepidolith, Beryll, Tantalit, Pollucit, Zinnstein	Piezoquarz, optischer Fluorit
Aufbau der Pegmatitkörper	massig	massig, gebietsweise zonal	Zonalbau	Zonalbau
Wichtigste Strukturen der Pegmatite	granitisch	granitisch, graphisch, Blockstrukturen	Blockstruktur, Graphische Struktur	Blockstrukturen
Miarolithische Hohlräume	fehlen	sehr selten	selten	häufig
Verdrängungsprozesse in den Pegmatiten	Verdrängungen durch Diopsid	1. Mikroklinisierung 2. Quarz-Muskovitisierung 3. Verquarzung 4. Albitisierung (selten)	1. Quarz-Muskovitisierung 2. Albitisierung 3. Vergreisung 4. Lepidolithisierung	

Untersuchung der Pegmatitfelder sind daher unbedingt die Grenzen der metamorphen Umwandlungszonen sowie die industriell bedeutenden Pegmatittypen, die mit Gesteinen verschiedener Metamorphosegrade verbunden sind, festzulegen. Die Hauptrolle bei der Bildung von Pegmatiten mittlerer Tiefenlage spielen in stark metamorphen Bereichen Prozesse der Diaphthorese.

c) Die Verbindung mit dem Muttergestein ist bei Pegmatiten der tiefen Bildungsbereiche nicht immer klar ausgeprägt. In vielen Fällen sind Pegmatite in Migmatitfeldern, fern von Granitmassiven, weit verbreitet. Die Pegmatite sind gewöhnlich in der Tiefe mit Granitmassiven verbunden, wo sie in der Nähe des Exokontaktes abgeschieden wurden. Pegmatite mit relativ geringer Bildungstiefe wurden dagegen innerhalb der Mutterintrusiva abgeschieden. Daraus kann man schlußfolgern: Je geringer die Bildungstiefe der Pegmatite, um so deutlicher läßt sich die Verbindung mit dem Muttergestein erkennen.

d) Der Aufbau der Pegmatite verändert sich ebenfalls nach der Teufe hin. Für die tiefsten Pegmatite sind einfache granitische Texturen charakteristisch, während für mittlere Teufen zonal gebaute Körper mit vollständiger Entwicklung aller Zonen typisch sind. Das wichtigste Kennzeichen für die Bestimmung der Bildungstiefe eines Pegmatites bildet das Auftreten verschiedener miarolithischer Hohlräume, und zwar fehlen sie in den tiefen Bildungsbereichen, in Pegmatiten der mittleren Teufenlage kommen sie nur teilweise vor, während sie in geringer Teufe häufig sind.

e) Die Entwicklung metasomatischer Prozesse und die Anreicherung flüchtiger Elemente. Mit zunehmender Tiefe nimmt auch der Grad der metasomatischen Veränderungen in den Pegmatiten zu. Gleichzeitig tritt eine Erhöhung der flüchtigen und eines Teiles der basenbildenden Elemente (Na, Li, Rb und Cs) auf. Besonders charakteristisch ist der Fluorgehalt, der mit zunehmender Bildungsteufe ansteigt. Die Unterschiede der in den einzelnen Tiefenfazies gebildeten Pegmatite und ihre charakteristischen Besonderheiten sind in der Tabelle dargestellt.

f) Die Beziehungen der Pegmatite zu den Zinnstein-Wolframit-Erzgängen sind in den einzelnen Strukturetagen unterschiedlich. So fehlen hydrothermale Zinnstein-Wolframit-Bildungen in den Tiefenpegmatiten überhaupt. Dagegen treten Pegmatite der seltenen Metalle in der Tiefe meist gemeinsam mit Zinn-, Wolfram- und Molybdän-Lagerstätten auf, die eng mit Intrusivkomplexen verbunden sind. Allgemein bilden diese aber selbständige Bereiche ohne Pegmatite. Schließlich beobachtet man in den obersten Strukturetagen häufig eine räumliche Vereinigung der Pegmatite mit den pneumatolytisch-hydrothermalen Bildungen.

g) Da für das Auftreten der verschiedenen Pegmatittypen auch die Besonderheiten und der Metamorphosegrad der Nebengesteine bestimmend sind, stellen diese verschiedenen Typen gesetzmäßige Glieder der petrographischen Komplexe dar. Jeder der wirtschaftlich bedeutenden Pegmatittypen wird in einem ganz bestimmten Gesteinskomplex angetroffen. Die Kenntnis dieser Besonderheiten kann bei der Erkundung pegmatitischer Lagerstätten erfolgreich angewendet werden.

Über Bemusterung und Vorratsberechnung der Spurenelemente in Lagerstätten der Buntmetalle und seltenen Metalle[1)]

O. W. IWANOW, UdSSR

Ein komplexes Problem bei der Untersuchung der Erzlagerstätten der Buntmetalle und seltenen Metalle stellt die Bestimmung der Gehalte und Vorräte der Spurenelemente (Ge, In, Te, Se, Tl, Ga, Sc, Re, Hf, Rb und Cd) dar, die bei der Verarbeitung der Konzentrate der Hauptkomponenten gewonnen werden können.

In letzter Zeit wurden einige Verfahren der Bemusterung von Erzlagerstätten der Buntmetalle und seltenen Metalle zum Nachweis der Gehalte an Spurenelementen vorgeschlagen, aber auch einige Methoden zur Berechnung der Vorräte ausgearbeitet. A. D. KALENOW (1956) schlug vor, die Erze der Lagerstätten durch Auswahl von Proben der charakteristischen Minerale der Hauptkomponenten zu bemustern. Seiner Meinung nach genügt es, für die Vorratsberechnung der Spurenelemente 50—100 solcher Proben aus den verschiedenen Erztypen der verschiedenen Horizonte der Lagerstätte zu entnehmen. Nach Bestimmung der in den Hauptmineralien enthaltenen Spurenelementmengen können die Vorräte berechnet werden.

B. I. GALKIN (1949) stellte fest, daß in den Lagerstätten die Vorräte an Spurenelementen nach deren quantitativem Verhältnis zu den Hauptkomponenten bestimmt werden können. Es empfiehlt sich, die quantitativen Verhältnisse unter Auswertung der Analysen der Gruppen- oder Durchschnittsproben der Erze graphisch darzustellen. Auf Grund der bei den Untersuchungen gefundenen Gesetzmäßigkeiten schlägt B. I. GALKIN vor, eine Verhältnisgleichung aufzustellen, nach der man, wenn man den mittleren Gehalt der Hauptkomponente kennt, den der Spurenelemente bestimmen kann.

I. P. SCHARAPOW (1957) hält es für möglich, die Vorratsberechnung der Spurenelemente nach einer statistischen Methode durchzuführen, indem man die wechselseitigen Zusammenhänge zwischen den Spurenelementen und der Hauptkomponente klärt. Seiner Meinung nach muß die Untersuchung mit der Berechnung der Korrelationskoeffizienten und der Bestimmung der wechselseitigen Beziehungen beginnen. Der mittlere Gehalt an Spurenelementen kann nach der das Verhältnis von Hauptkomponente und Spurenelementen ausdrückenden Gleichung bestimmt werden. Die Vorräte ergeben sich dann aus den Gehalten an Spurenelementen in der Haupterzkomponente. Grundlage für die Berechnung sind die Analysen der Durchschnitts- oder der Gruppenproben der Erze.

[1)] Aus: „Raswedka i ochrana nedr", Nr. 4, 1960, S. 16–21, etwas gekürzt. Übers.: TESSIN

Die Vorratsberechnung der Spurenelemente mit Hilfe des Korrelationskoeffizienten wird auch von A. N. LITWINOWITSCH (1957) empfohlen. Er schlägt vor, die Berechnung dieses Koeffizienten durch die Verwendung von Korrelationsgittern zu vereinfachen, jedoch bei mindestens 15—20 Spurenelementanalysen (bei weniger Proben ist die Benutzung der Gitter nicht empfehlenswert), und dabei Sammelproben zu nehmen.

Einige Besonderheiten begrenzen die Anwendbarkeit dieser Methoden. Der Gehalt an Nebenelementen kann in monomineralischen Proben sicher bestimmt werden, wenn in den Erzen der Lagerstätte das Haupterzmineral in einer oder in mehreren Generationen bekannt ist, von denen die überwiegt, welche die Hauptmenge der Spurenelemente enthält; die andere Generation kann man dann ohne Nachteil für die Berechnung der sicheren Vorräte vernachlässigen.

Wenn Minerale verschiedener Generationen unterschiedliche Mengen an Spurenelementen enthalten, ist es für die richtige Bestimmung ihres mittleren Gehaltes nötig, monomineralische Proben aus den Generationen des Hauptminerals zu entnehmen und den mittleren Gehalt an Spurenelementen unter Berücksichtigung der Wechselbeziehung der Generationen in den Erzen zu berechnen. Da sich eine solche Wechselbeziehung praktisch nicht feststellen läßt, kann man diese Bemusterungsmethode für Erze, die mehrere Generationen der Hauptkomponente enthalten und verschiedene Gehalte an Spurenelementen aufweisen, nur wenig anwenden. Außerdem ist eine derartige Probenahme sehr mühsam, besonders wenn die Minerale eng verwachsen sind und geringe Korngröße aufweisen.

Der Gehalt an Spurenelementen kann nicht immer durch Analysen der Gruppen- oder Durchschnittsproben bestimmt werden, da die Hauptminerale in den Proben in relativ geringen Mengen (1%—0,01%) vorhanden sind und der Spurenelementgehalt in ihnen fast immer sehr niedrig ist (0,001, 0,0001% und weniger).

Die Mängel der gebräuchlichen Analysenmethoden machen Fehler unvermeidlich. Zuweilen lassen sich in Proben mit geringem Gehalt an Hauptkomponenten die Beimischungen nicht bestimmen, obwohl sie in den Erzen in Mengen vorhanden sind, die praktisches Interesse besitzen (z. B. Rhenium in Molybdänerzen); denn der Gehalt an Spurenelementen ist in den Proben bedeutend kleiner als in den reinen Mineralen.

Die Analysen der Erzproben geben den Bruttogehalt an Spurenelementen an. Um jedoch zu bestimmen, wieviel von den berechneten Vorräten an Spurenelementen bei der Verarbeitung der Erze der Lagerstätte gewonnen werden kann, sind daher meistens spezielle Untersuchungen nötig. Da der Extraktionskoeffizient mitunter nicht sicher bestimmbar ist, wird die Berechnung der in den ausbringbaren Erzmineralen enthaltenen Spurenelementvorräte manchmal ungenau. Solche Fälle sind z. B. aus der Bemusterung von Germanium in zinkblendehaltigen Skarnerzen bekannt, in denen Germanium nicht nur in der Zinkblende, sondern auch im gesteinsbildenden Granat in Mengen auftritt, die den Gehalt an Germanium in der Probe und folglich auch die Schätzung der Vorräte an Germanium wesentlich mitbestimmten.

Eine Bemusterung nach Gruppen- oder Durchschnittsproben ist zweckmäßig, wenn die Spurenelemente in den Erzen in Mengen enthalten sind, die durch die Analysenmethoden genügend sicher festgestellt werden können, aber auch, wenn sie in den gesteinsbildenden Mineralen (z. B. einige Zirkonseifen, Tantal-Niobate, magmatische Lagerstätten der Seltenen Erden, des Niob usw.) nicht in wesentlichen Konzentrationen vorkommen.

Die Korrelationsmethode kann zu fehlerhaften Ergebnissen führen, wenn der Korrelationskoeffizient durch Analysenfehler, besonders bei niedrigen Gehalten an Spurenelementen und durch in den gesteinsbildenden Mineralen eingeschlossenen verfälscht wird. Außerdem gibt dieser Koeffizient, der für die gesamte Lagerstätte festgesetzt wurde, nicht immer das tatsächliche Verhältnis von Spurenelementen und Hauptkomponenten in den einzelnen Bereichen der Lagerstätte wieder, da jeder von diesen, z. B. Zonen tektonischer Störungen, vererzte Kontakte, Zonen sekundärer Veränderungen, Flankenteile der Lagerstätte, Zonen der Entwicklung hypergener Prozesse usw., seine Besonderheiten in der Erzablagerung besitzt.

Um den Einfluß der örtlichen Zusammenhänge auf den allgemeinen mittleren Korrelationskoeffizienten zu berücksichtigen, müssen zu seiner Berechnung Proben aus verschiedenen Bereichen entnommen werden. Eine Probenahme entsprechend dem Anteil der Vorräte eines jeden Bereiches an den Gesamtbilanzvorräten der Lagerstätte ist infolge der schwierigen Ausgliederung und Umgrenzung dieser Bereiche praktisch unmöglich, was sich auf den allgemeinen Korrelationskoeffizienten und auf die Richtigkeit der Vorratsberechnung auswirkt. Wie die Gegenüberstellung der Korrelationsmethode mit der Methode der geologischen Blöcke auf einer polymetallischen Lagerstätte zeigte, können die nach der Korrelationsmethode berechneten Vorräte bis zu minus 30% abweichen.

Da in den Hauptmineralen keine konstanten Spurenelementgehalte auftreten, sondern diese in weiten Grenzen wechseln, werden Zusammenhänge zwischen den Veränderungen im Gehalt der Hauptkomponente und des Spurenelementes in den Proben oft nicht bemerkt. Aus diesem Grunde ist die Korrelationsmethode durchaus nicht allgemein anwendbar.

Die statistische Analyse bei der Berechnung der Spurenelementvorräte darf nicht nur auf der mathematischen Bearbeitung der Resultate der Probenanalysen beruhen. Vor allem muß das gesamte Material mit dem Ziel, die gesetzmäßige Verteilung der Spurenelemente und der Hauptkomponenten zu klären, analysiert werden, und nur nach Feststellung der korrelaten Zusammenhänge kann man bei der Berechnung der Vorräte die entsprechenden mathematisch-statistischen Methoden anwenden.

Die Mängel dieser Methode können vernachlässigt werden, wenn man für die Analysen Konzentratproben verwendet.

In der Lagerstätte werden unter Berücksichtigung der Erzsorten, der lithologischen Varietäten und anderer Merkmale die Sammelproben aus den Duplikaten der ersten Proben zusammengestellt. Um aus jeder Probe selektive Vorräte zu gewinnen, reichert man die Sammelproben an. In den Konzentraten werden die Spurenelemente analysiert und der Gehalt an Hauptkomponente, in dem sich die untersuchten Elemente befinden, bestimmt. Außerdem wird eine Kontrollanalyse vom Konzentratrückstand durchgeführt, da hier mit den gesteinsbildenden Mineralen verbundene Spurenelemente vorhanden sein können. Nach dem Gehalt an Spurenelementen erfolgen die Bestimmung des Wertes des Rückstandes und die Auswahl der Methoden zu seiner Untersuchung.

Das Anfangsgewicht der Sammelprobe muß die für die Analyse erforderliche Konzentratmenge gewährleisten. Bei der Gewinnung der Konzentrate aus den Sammelproben kommt es sehr auf größte Sauberkeit an.

Die Bemusterung mit Hilfe der Konzentratmethoden gestattet:

1. die Vorräte an Spurenelementen zu berechnen, die bei der Verarbeitung der Erze der Lagerstätte extrahiert werden können, wenn die in den gesteinsbildenden und anderen Mineralen enthaltenen Spurenelemente die Resultate der Analysen nicht wesentlich beeinflussen;
2. die Genauigkeit der Bestimmung des Spurenelementgehaltes durch die Vergrößerung ihrer Konzentration in dem zu analysierenden Material bedeutend zu erhöhen;
3. bei der Probenahme die Generationen der Hauptminerale nicht zu berücksichtigen, da der Gehalt an Spurenelementen im Konzentrat als Summe der Gehalte in den verschiedenen Generationen der Elementträger bestimmt wird, deren Mengenanteil im Konzentrat und in den bemusterten Erzproben einander entsprechen;
4. die Erforschung der Spurenelemente in Erzen solcher Lagerstätten, die die Haupterzminerale in Form einer feinen Einsprengung in geringen, aber abbauwürdigen Konzentrationen enthalten;
5. die Gewinnung des Materials für die Analyse zu mechanisieren, wodurch der dafür erforderliche Arbeitsaufwand verringert wird.

Durch die Bemusterung nach der Konzentratmethode läßt sich die Verteilung der Spurenelemente in den Mineralen nicht feststellen. Bei dieser Bemusterungsmethode ist kaum eine Berechnung der Menge der aus den Gesamtvorräten extrahierbaren Spurenelemente notwendig, weil diese in den aus den Erzen extrahierten Mineralen bestimmt werden. Das entspricht jedoch nicht den Forderungen der Staatlichen Vorratskommission, die eine Berechnung der Vorräte an nutzbaren Bodenschätzen ohne Abzug der Verluste bei der Gewinnung, der Aufbereitung oder der Verarbeitung vorsieht. Der genannte Mangel dieser Methode ist jedoch unbedeutend, da die Spurenelemente meist gleichzeitig aus den Konzentraten der Haupterzmineralien gewonnen werden. Eine quantitative Bestimmung der an Minerale ohne wirtschaftliches Interesse gebundenen Spurenelemente ist nicht erforderlich, weil diese Beimischungen bei der Vorratsberechnung nicht berücksichtigt werden müssen. Sind der mittlere Gehalt an Spurenelement und an Hauptkomponente im Konzentrat sowie die Vorräte der Hauptkomponente bekannt, läßt sich leicht die Menge des Spurenelements bestimmen.

Die Vorratsberechnung kann man nach folgender Formel durchführen:

$$Q = \frac{C_1}{(1{,}0 - k)\, C_2} P$$

Q — Vorräte an Spurenelement

P — Vorräte an Hauptkomponente in dem Mineral, welches das Spurenelement enthält

C_1 — Mittlerer Gehalt an Spurenelement in den Konzentraten

C_2 — Mittlerer Gehalt an Hauptkomponente in den Konzentraten

k — Mittlerer Prozentsatz der Verunreinigung der Konzentrate durch andere Minerale, ausgedrückt in Einheitsanteilen

Dieses Verfahren der Bemusterung und der Vorratsberechnung ist am brauchbarsten für Lagerstätten mit kompliziert zusammengesetzten Erzen, mit quantitativ geringen Erzmineralabscheidungen und mit geringem Gehalt an Hauptkomponenten im Erz.

Die Anzahl der Proben, die für die Vorratsberechnung der Spurenelemente nach der Konzentratmethode notwendig ist, wird in jedem einzelnen Fall nach der erforderlichen Genauigkeit der Berechnung bemessen. Wenn der Spurenelementgehalt in engen Grenzen variiert, kann der mittlere Gehalt durch eine geringe Probenzahl mit genügender Sicherheit (5—15) bestimmt werden. Wechseln diese Gehalte dagegen in weiten Grenzen (Analysenfehler unberücksichtigt), dann muß zur zuverlässigen Bestimmung des mittleren Gehaltes die Anzahl der Proben erhöht werden.

Die Verbreitung der Spurenelemente in den Erzen einer Lagerstätte ist bereits während der Vorerkundungsarbeiten zu erforschen. Die Anzahl der Mineralproben kann gering sein. Da man in den Erzen die Spurenelemente zunächst nur qualitativ bestimmt, werden die Vorräte vorläufig nur geschätzt.

Nach den Resultaten der vorläufigen Untersuchungen ist zu entscheiden, ob in der Lagerstätte Arbeiten größeren Umfangs zur Untersuchung der Spurenelemente zweckmäßig sind und welche der Methoden der Bemusterung und der Vorratsberechnung verwendet werden kann.

Im ersten Stadium der Untersuchung der Spurenelemente spielt die Methode der Probenahme für die Analyse eine große Rolle. Bei falsch gewählter Bemusterungsmethode kann es vorkommen, daß die Gehalte an Spurenelementen falsch bestimmt oder diese in den Mineralen und Erzen überhaupt nicht entdeckt werden, obwohl sie in bedeutenden Mengen vorkommen.

Mit welchem Genauigkeitsgrad die Verteilung der Spurenelemente in den Erzen der Lagerstätten von Buntmetallen und seltenen Metallen zu bestimmen sowie die Vorratsberechnung durchzuführen ist, ergibt sich aus den Bedingungen für die Einstufung der Vorräte in bestimmte Kategorien. Es genügt, die Spurenelementvorräte bis zur Kategorie C_1 und C_2 zu erforschen. Eine Klassifizierung nach höheren Kategorien ist unzweckmäßig, da die Spurenelemente zusammen mit den wichtigen nutzbaren Mineralen, in denen sie sich befinden, gewonnen werden und eine hohe Kategorie ihrer Vorräte unwichtig ist. Außerdem bestimmen die Spurenelemente nicht den wirtschaftlichen Wert der Lagerstätten, und daher ist der Zuverlässigkeitsgrad der Kategorie C_1 vollkommen ausreichend.

Die unregelmäßige Verteilung der Spurenelemente in den Erzen hängt hauptsächlich von ihren Konzentrationen in den Mineralträgern ab, die auf analytischem Wege bestimmt werden, sowie auch von der Verteilung dieser Minerale, die durch die Erkundungsaufschlüsse, deren Dichte sich aus der Kompliziertheit der Lagerstätte ergibt, festgestellt wird. Die Genauigkeit der Bestimmung des mittleren Gehaltes an Spurenelementen wird von der Anzahl der bemusterten Profile bestimmt, da die ungleichen Spurenelementgehalte in den Erzmineralen durch Probenahmen aus den Aufschlüssen nachgewiesen werden und sich in den Resultaten der Analysen der Konzentrate widerspiegeln.

In der gebräuchlichen Vorratsklassifikation sind die Bedingungen für die Zuordnung der Spurenelemente zu bestimmten Kategorien nicht berücksichtigt. Sie müssen daher unter Beachtung einiger Besonderheiten der Konzentration und der Verbreitung der Spurenelemente in den Erzkörpern ergänzt werden.

Zur Kategorie C_1 gehören Vorräte an Spurenelementen, bei denen der Zusammenhang mit den wichtigen nutzbaren Mineralen nachgewiesen ist. Die Technologie der Extraktion, sowohl der Minerale aus den Erzen als auch der Spurenelemente aus den Konzentraten, wurde durch Versuche ausgearbeitet oder in Analogie mit den gebräuchlichen Methoden der Verarbeitung von Konzentraten ähnlicher Mineralzusammensetzung aufgestellt. Die Bestimmung der Spurenelementgehalte erfolgt auf der Grundlage der Bemusterung der natürlichen Typen und der industriellen Sorten der Erze durch ein Abbaunetz, dessen Dichte für die Hauptkomponenten der Kategorie C_1 entspricht.

Zur Kategorie C_2 gehören Vorräte, die mit Hilfe der angenommenen geochemischen Zusammenhänge zwischen Spurenelementen und Hauptkomponenten berechnet worden sind. Das Auftreten der Spurenelemente wurde durch Analysen an für die Lagerstätte charakteristischen Erzabarten festgestellt, die Technologie der Extraktion aus den Konzentraten analog zu anderen Verfahren bestimmt.

Das gegenwärtig von den Geologen gesammelte bedeutende Untersuchungsmaterial über die Methodik der Bemusterung und Vorratsberechnung der Spurenelemente auf Lagerstätten von Buntmetallen und seltenen Metallen verschiedener Typen muß zusammengefaßt, die rationellsten Methoden der Vorratsberechnung und der Bemusterung müssen ausgewählt, diese auf verschiedenen Lagerstättentypen experimentell überprüft und breiten Kreisen der Geologen zugänglich gemacht werden.

Zusammenfassung

Verf. beschreibt und wertet die verschiedenen Methoden, die bei der Vorratsberechnung von Spurenelementen in Lagerstätten der Buntmetalle und seltenen Metalle angewendet werden können. Am günstigsten erscheint die Bemusterung durch Untersuchung von Konzentratproben. Die Vorteile der Konzentratmethode werden dargelegt.

Резюме

Автор описывает и оценивает разные методы, применяемые для подсчета запасов месторождений цветных и редких металлов. Наиблагоприятным является опробование путем исследования концентратных проб. Излагаются преимущества метода концентратов.

Summary

Various methods appropriate to the reserve calculation of trace elements in non-ferrous and rare metal deposits are described and evaluated by the author. The analysis of specimens of concentrates seems to be the most favourable method of sampling, the advantages of which are described.

Literatur

DLIN, A. M.: Mathematische Statistik in der Technik. – Sowjetskaja Nauka, 1951.

GALKIN, B. I.: Über die Methodik der quantitativen Wechselbeziehungen zwischen den Komponenten nutzbarer Bodenschätze. – Tr. WIMS, Ausg. 1. Gosgeolisdat, 1949.

KALENOW, A. D.: Zur Einschätzung der Gehalte und der Vorräte an Spurenelementen. – Raswedka i ochrana nedr, Nr. 10, 1956.

KRATKIJE: Kurze instruktive Hinweise zur Überprüfung der Lagerstätten der nutzbaren Bodenschätze und der Sammlungen von Gesteinsmaterial seltener und disperser Elemente. – Gosgeoltechisdat, 1956.

LITWINOWITSCH, A. N.: Einige methodische Fragen der Untersuchung der Begleitelemente in polymetallischen Erzen des Altai. – Tr. Altaisk. gorno-metallurg. Inst. AN Kas. SSR, Nr. IV, 1957.

SCHARAPOW, I. P.: Zur Theorie der Vorratsberechnung der Spurenelemente. – Raswedka i ochrana nedr, Nr. 1, 1957.

Zur Klassifikation der Grundwasservorräte

JOHANNES ZIESCHANG, Berlin

Verf. ist der Meinung, daß es unbedingt notwendig ist, für das Gebiet der Deutschen Demokratischen Republik kurzfristig eine Klassifikation der Grundwasservorräte zu schaffen und danach zu arbeiten. Er schlägt vor, eine für die Bilanzierung der festen mineralischen Rohstoffe allgemein benutzte und für das Grundwasser in verschiedenen Ländern des sozialistischen Lagers bereits mit Erfolg erprobte Klassifikation einzuführen, die eine eindeutige Bilanzierung der Grundwasservorräte gestattet. Die von der Wasserwirtschaft angestrebte Bilanzierung des Grundwasserdargebotes enthält nur einen Teil der erfaßbaren Grundwasservorräte, läßt das Erkundungsstadium unberücksichtigt und ist deshalb unvollständig und nicht eindeutig.

Verf. hält es für zweckmäßig, die Klassen A_1, A_2, B und C für eine Bilanzierung der Grundwasservorräte vorzusehen. Die Schaffung von Außerbilanzvorräten sollte sich nur auf die Klasse c beschränken. Nur auf einer solchen Grundlage können sich Wasserwirtschaft, Hydrologie und Geologie eindeutig verständigen, und nur auf einer solchen Grundlage kann die Grundwassererkundung folgerichtig durchgeführt werden.

Für die Erkundung von Grundwasservorräten wird dann folgende Zweiteilung günstig sein:

a) Hydrogeologische Übersichtskartierung und Vorerkundung mit dem Ziel, besonders Vorräte des natürlichen Grundwasserdargebotes in den Klassen C und c zu schaffen.
b) Objekterkundung mit dem Ziel, die Vorräte des natürlichen Grundwasserdargebotes in die Klasse B einzustufen.

Verf. schlägt weiterhin vor, die Grundwasservorräte ihrer Entstehung entsprechend wie folgt einzuteilen:

a) Natürliche Grundwasservorräte
   α) Vorräte des natürlichen Grundwasserdargebotes
   β) Juvenile Grundwasservorräte
b) Künstliche Grundwasservorräte
   α) Uferfiltrat-Vorräte
   β) Infiltrat-Vorräte

Der Vorrat des natürlichen Grundwasserdargebotes ist die Grundwassermenge, die auf natürlichem Wege durch Versickerung oder Versinkung von Niederschlags- oder Oberflächenwasser laufend ergänzt wird.

Der juvenile Grundwasservorrat ist die Grundwassermenge, die durch gesteinsbildende Prozesse frei wird; sie ist von untergeordneter Bedeutung.

Der Uferfiltrat-Vorrat ist die Grundwassermenge, die durch künstlich erzeugtes Druckgefälle aus einem Vorfluter in einen Grundwasserleiter übertreten kann und dort gewinnbar ist.

Der Infiltrat-Vorrat ist die Grundwassermenge, die durch Förderung von Oberflächenwasser über das Niveau des Grundwasserspiegels und anschließende Versickerung in einen Grundwasserleiter gebildet und wiedergewonnen werden kann.

Diese Grundwasservorräte gehen in die allgemeine Grundwasserbilanz ein. Sie gibt Auskunft über die Erneuerungsfähigkeit aller genutzten und ungenutzten natürlichen Grundwasservorkommen und über die kontinuierliche künstliche Grundwasserneubildung. Diese Vorratswerte sind wichtig für die kontinuierliche Grundwassergewinnung.

Da es für die gegenwärtige Grundwasserbewirtschaftung in einigen Fällen (Braunkohlentagebaue) notwendig wäre und in Zukunft häufiger (Einschätzung der Grundwasserspeicherung) notwendig sein wird, daß man den gesamten Lagerstätteninhalt kennt, müssen auch noch die ruhenden Grundwasservorräte bilanziert werden. Der ruhende Grundwasservorrat ist die gesamte im Grundwasserleiter enthaltene Grundwassermenge. Dabei gilt die Definition nach DIN 4049: „Grundwasser ist Wasser, das Hohlräume der Erdrinde zusammenhängend ausfüllt und nur der Schwere (hydrostatischer Druck) unterliegt."

Bei der Grundwassererkundung geht es zunächst vor allem um die Aufdeckung und Berechnung der Vorräte des natürlichen Grundwasserdargebotes.

Grundsätzlich gibt es drei Methoden zur Berechnung der Vorräte des natürlichen Grundwasserdargebotes:

1. Ermittlung der unterirdischen Abflußspende für eine Fläche unter Berücksichtigung von Niederschlag, Gesteinsbeschaffenheit — vor allem Versickerungsmöglichkeit — und anderen Faktoren;
2. Ermittlung des Grundwasserdurchflusses auf einer Linie unter Anwendung der DARCYschen Durchflußgleichung
$$Q = k_f \cdot I \cdot H \cdot B$$
3. Ermittlung des Grundwasserzuflusses in einem Punkte durch kontinuierliche Grundwassergewinnung bei echtem Beharrungszustand oder durch Quellschüttungsmessung.

In der ersten Etappe der Grundwassererkundung erfolgt zunächst die hydrogeologische Übersichtskartierung, wobei vor allem diejenigen hydrogeologischen Werte bestimmt werden müssen, die u. a. für eine erste Berechnung der Vorräte des natürlichen Grundwasserdargebotes notwendig sind. Unter Hinzuziehung der sonstigen notwendigen hydrologischen Werte werden bei Benutzung der Berechnungsmethode 1 besonders Vorräte des natürlichen Grundwasserdargebotes der Klasse c erbracht. Diese Außerbilanzvorräte des natürlichen Grundwasserdargebotes sollten wie folgt charakterisiert werden:

Vorräte des natürlichen Grundwasserdargebotes der Klasse c sind Vorräte, die nur auf Grund von Versickerungs-Speicherungs-Faktoren[1]) als unterirdische Abflußspende angenähert berechnet wurden und deren qualitativer Charakter und somit auch die Aufbereitbarkeit sowie die Gewinnbarkeit nicht genau bekannt sind.

[1]) Die Versickerungs-Speicherungs-Faktoren errechnen sich aus hydrologisch-meteorologischen, boden- und hydrogeologischen sowie sonstigen Geländekennziffern.

Die Grundwasservorerkundung ist so zu gestalten, daß Werte gewonnen werden, die eine Berechnung von Vorräten des natürlichen Grundwasserdargebotes der Klasse C gestatten, wenn, wie vorgeschlagen wird, folgende Bedingungen erfüllt sind. Das gilt auch für die hydrogeologische Übersichtskartierung, wenn Erkundungsarbeiten ausgewertet wurden, die einer Vorerkundung oder Objekterkundung entsprechen:

Vorräte des natürlichen Grundwasserdargebotes der Klasse C sind Vorräte, die durch die Berechnungsmethoden 2 oder 3 unter Verwendung von Werten ermittelt wurden, die nur aus den Ergebnissen einer lückenhaft durchgeführten Objekterkundung oder aus den Ergebnissen der Vorerkundung bestimmt wurden, deren qualitativer Charakter so weit bekannt ist, daß die Aufbereitbarkeit des Grundwassers garantiert ist, und deren Gewinnbarkeit am Berechnungsort außer Zweifel steht, jedoch nicht die günstigste Lösung darstellen muß. Dabei ist für das betreffende Einzugsgebiet eine Vergleichsrechnung nach Methode 1 durchzuführen, deren Ergebnis über den nach 2 oder 3 errechneten Vorräten liegen muß.

Die zweite Etappe, die Objekterkundung, umfaßt die Form der hydrogeologischen Felduntersuchung, die zur Einstufung von Vorräten des natürlichen Grundwasserdargebotes in die Klasse B führt. Es wird vorgeschlagen, Vorräte des natürlichen Grundwasserdargebotes in die Klasse B einzustufen, wenn folgende Bedingungen erfüllt sind:

Vorräte des natürlichen Grundwasserdargebotes der Klasse B sind Vorräte, die durch komplexe hydrogeologische Untersuchungen[2]) erkundet und nach Methode 2 einschließlich Vergleichsrechnung nach Methode 1 berechnet wurden und deren qualitativer Charakter bzw. Aufbereitbarkeit sowie Gewinnbarkeit hinreichend genau bekannt sind. Bei Quellen gilt die aus langjährigen Beobachtungen ermittelte Mindestschüttung.

Mit der Übergabe von Grundwasservorräten der Klasse B wird die Schwelle zwischen der Grundwassererkundung und der wasserwirtschaftlichen Projektierung der Grundwassergewinnung überschritten.

Diese Klassifikation hat somit in der Hauptsache zwei Ziele:

a) Bilanzierung der Grundwasservorräte;
b) ordnungsgemäße Planung und Durchführung der Grundwassererkundung einerseits und wasserwirtschaftliche Planung und Projektierung andererseits.

Für b) gilt folgende Bewertung der einzelnen Vorratsklassen:

Vorräte des natürlichen Grundwasserdargebotes der Klasse c, also Außerbilanzvorräte, gestatten eine weitere Grundwassererkundung, die abgestuft nach Größe und Wichtigkeit der Vorräte durchzuführen ist. Sie dienen vor allem als Richtzahlen für die Planung.

Vorräte des natürlichen Grundwasserdargebotes der Klasse C gestatten eine weitere Erkundung auf Vorräte der Klasse B oder können bei erheblichem Überschuß der nutzbaren Vorräte gegenüber dem Bedarf zur Begründung eines Grundwassergewinnungsprojektes benutzt werden.

Vorräte des natürlichen Grundwasserdargebotes der Klasse B können zur Begründung eines Grundwassergewinnungsprojektes mit konkreter Wahl des Fassungsstandortes benutzt werden.

Vorräte des natürlichen Grundwasserdargebotes der Klassen A_1 und A_2 dienen der Betriebsführung und wasserhaushaltlichen Auswertungen.

Der Verfasser schlägt vor, die Vorräte der Klassen A_1 und A_2 wie folgt zu charakterisieren:

Vorräte des natürlichen Grundwasserdargebotes der Klasse A_2 sind Vorräte, die entweder durch Betriebsdaten der Wasserwerke oder der sonstigen kontinuierlichen Grundwasserfördereinrichtungen für einen Zeitraum von mindestens einem Jahr in quantitativer und qualitativer Hinsicht bekannt sind oder die nach der Methode zur Bestimmung von B-Vorräten berechnet und durch die nach der Beendigung der Erkundung von B-Vorräten noch durchzuführenden verdichtenden Abschlußuntersuchungen am Gewinnungsort in voller Höhe bestätigt oder als korrigierter B-Vorrat berechnet wurden.

Vorräte des natürlichen Grundwasserdargebotes der Klasse A_1 sind Vorräte, die durch Betriebsdaten der Wasserwerke oder sonstiger kontinuierlicher Grundwasserfördereinrichtungen für einen Zeitraum von mindestens fünf Jahren in quantitativer und qualitativer Hinsicht bekannt sind.

Die verdichtenden Abschlußuntersuchungen sind nach der Begründung eines Grundwassergewinnungsprojektes, dessen Grundlage der B-Vorrat bildet, als unmittelbare Vorarbeiten zur Projektierung in Form von Standortbohrungen für die genaue Gestaltung und Konstruktion der Fassung durchzuführen.

Bei der Berechnung der künstlichen Grundwasservorräte muß man grundsätzlich von den Werten des Oberflächenwasserabflusses ausgehen. Dabei ist die Möglichkeit einer mehrmaligen Nutzung zu berücksichtigen. Die Aufstellung von Außerbilanzvorräten entfällt.

Die Klassifikation der künstlichen Grundwasservorräte muß in Anlehnung an die Klassifikation der Vorräte des natürlichen Grundwasserdargebotes entwickelt werden. Es wird folgende Charakterisierung vorgeschlagen:

Künstliche Grundwasservorräte der Klasse C sind Vorräte, die sich auf die Gruppe der Uferfiltratgrundwässer beschränken und auf Grund von Ergebnissen hydrologischer und geologischer Vorerkundung als angenäherter Wert der mittleren Uferfiltrat-Grundwassergewinnung einer ein- oder zweiseitig belasteten Flußstrecke berechnet wurden.

Künstliche Grundwasservorräte der Klasse B sind Vorräte, die auf Grund von Ergebnissen komplexer hydrologischer und geologischer Objekterkundung berechnet wurden.

Künstliche Grundwasservorräte der Klasse A_2 sind Vorräte, die durch Betriebsdaten der Wasserwerke für einen Zeitraum von mindestens einem Jahr in quantitativer und qualitativer Hinsicht bekannt sind.

Künstliche Grundwasservorräte der Klasse A_1 sind Vorräte, die durch Betriebsdaten der Wasserwerke für einen Zeitraum von mindestens fünf Jahren in quantitativer und qualitativer Hinsicht bekannt sind.

Die obengenannte Bewertung der einzelnen Vorratsklassen des natürlichen Grundwasserdargebotes gilt auch für die künstlichen Grundwasservorräte.

Zusammenfassung

Verf. schlägt vor, auch für das Gebiet der Deutschen Demokratischen Republik ein Klassifikationssystem der Grundwasservorräte, ähnlich dem in der Sowjetunion angewendeten, zu schaffen und danach zu bilanzieren. Vorgesehen sind die Klassen A_1, A_2, B und C sowie c. Außerdem wird eine Definition der einzelnen Grundwasser-Vorratsarten gegeben. Besonders unterschieden werden natürliche und künstliche Grundwasservorräte; die Unterschiede spiegeln sich auch in der Charakterisierung der Vorratsklassen wider.

Резюме

Автор предлагает создание для территории Германской Демократической Республики системы классификации подземных вод, подобно использованной в Советском Союзе, и проведение подсчета запасов по этой системе. Предусматриваются классы A_1, A_2, B и C, а также c. Дается определение отдельных видов запасов подземных вод. Особенно различаются природные и искусственные запасы подземных вод. Эти различия отражаются и в характеристике классов запасов.

[2]) Unter komplexen hydrogeologischen Untersuchungen versteht man die systematisch-flächenhafte und umfassende Erkundung eines oder mehrerer Grundwasserleiter oder -stockwerke durch Bohrungen, Pumpversuche usw. (siehe Literatur).

Summary

Similarly to the classification of ground water reserves worked out in the Soviet Union the author proposes such a system as a basis for ground water balancing also for the territory of the German Democratic Republic. Provision is made that the system includes the following classes: A_1, A_2, B and C, as well as c. Moreover, a definition is given of the particular types of ground water reserves. The discrimination applies above all to natural and artificial ground water reserves. The differences are also reflected by a characterization of the classes of reserves.

Literatur

Verordnung über die Klassifikation von nutzbaren Grundwasservorräten und Instruktion über deren Anwendung. – Ministerium für Geologie, Moskau 1952.

ZIESCHANG, J.: Grundsätze komplexer hydrogeologischer Untersuchungen im Bereich der Lockergesteine. – Z. angew. Geol.. 5, S. 535–539, S. 586–589, Berlin 1959.

Gerichtete Schrägbohrungen für die Erkundung der Erdöl-Erdgasführung der Salzkuppeln im Emba-Gebiet[1]

D. A. DOSMUHAMBETOW, Kasachstan

Die Erdöl- und Erdgaslagerstätten im Emba-Gebiet sind häufig durch Verwerfungen begrenzt. Sie sind meistens 300 bis 500 m breit und 1500 bis 2000 m lang und auf zahlreiche Schollen und Horizonte verteilt (Abb. 1 und 2).

Gegenwärtig wird für die Tiefenerkundung der Emba-Lagerstätten eine große Anzahl von Erkundungsbohrungen auf die produktive Schichtenfolge (etwa 300 bis zu 500 m voneinander entfernt) niedergebracht.

Das Schema der Bohransatzpunkte ist in Abb. 1 dargestellt. Zur Erkundung der industriellen Erdölführung der Alb-Cenoman-Ablagerungen wird die Bohrung 1 (projektiert für 950 m Teufe), der Apt-Neokom-Ablagerungen die Bohrung 2 (projektiert für 1200 m Teufe), der Juraablagerungen die Bohrung 3 (projektiert für 1850 m Teufe) und der Permotrias-ablagerungen die Bohrung 4 (projektiert für 2200 m Teufe) niedergebracht. Jede dieser Bohrungen ist dort angesetzt worden, wo die produktivsten Schichtenfolgen zu erwarten sind. Insgesamt müssen beim Niederbringen dieser Bohrungen 6200 Bohrmeter geteuft werden. Bei der Anwendung gerichteter Schrägbohrungen benötigt man dagegen statt der vier Bohrungen nur eine zur Erkundung der Erdölführung aller das Salz überlagernden Schichten. Diese Bohrung (1) muß bis zu 400 m vertikal, dann aber unter einem Winkel von 30–35° niedergebracht werden. Die Teufe der gerichteten Bohrung (bis zum Salz) beträgt insgesamt 2400 m, also 3800 m weniger als bei den vier geplanten Bohrungen zusammen. Wenn der Kostenanschlag der vier ursprünglich geplanten Bohrungen 5,25 Mill. Rubel beträgt, so ist für die gerichtete Bohrung nur ein Kostenaufwand von 2,75 Mill. Rubel erforderlich. Somit verringern sich die Ausgaben für diese Erkundungsarbeiten um fast die Hälfte.

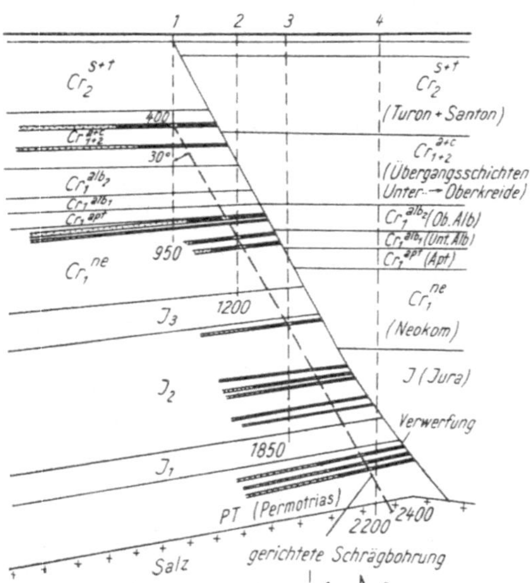

Abb. 1. Durch eine Grabenverwerfung abgeschirmter Lagerstättentyp

1 – projektierte vertikale Erkundungsbohrungen, 2 – projektierte Schrägbohrung

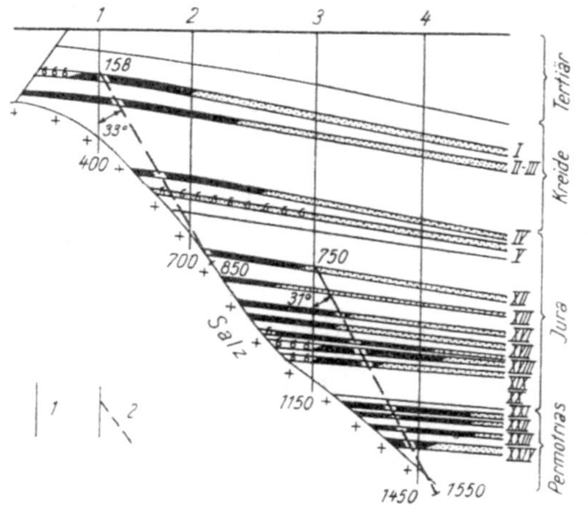

Abb. 2. Durch eine Salzstockflanke abgeschirmter Lagerstättentyp

1 – niedergebrachte vertikale Erkundungsbohrungen, 2 – projektierte Schrägbohrung

Auch bei der Erkundung von Erdöllagern, die von Salzstockflanken begrenzt werden, kann diese Methode (Abb. 2) angewendet werden.

Nach der bestehenden Erkundungsmethodik müßten vier Bohrungen niedergebracht werden, mit dem Ziel, die Produktivität der Schichtenfolgen des Alb-Cenoman, des Apt-Neokom, des Mittleren Jura und der Permotrias zu klären.

Bei gerichtetem Schrägbohren können die gleichen Ergebnisse mit geringerem Aufwand erreicht werden. So kann die Bohrung 1, wenn sie ihre Teufe erreicht hat, mit einer Ablenkung weitergebohrt werden und die Aufgabe der Bohrung 2 erfüllen (Erkundung des Apt-Neokom). Die Bohrung 3 kann schließlich in ähnlicher Weise die Bohrung 4 (Erkundung der Erdölführung der Permotrias) ersetzen.

Zur Erkundung der industriellen Erdölführung der Kreide-, Jura- und Permotrias-Ablagerungen sind an Stelle von vier Bohrungen also nur noch zwei Hauptbohrungen (Bohrungen 1 und 3) notwendig. Hierbei werden 1600 m Bohrmeter eingespart und die Montage- und Demontagearbeiten um die Hälfte verringert.

Das gerichtete Schrägbohren kann auch zur Verfolgung der Erdöllager im Streichen der Schichten seitlich der niedergebrachten Hauptbohrung angewendet werden.

Auch auf jeder Salzkuppel können mit einem Gerät zwei bis drei Bohrungen zur Feststellung der Erdölführung einer oder mehrerer produktiven Schichtenfolgen niedergebracht werden.

Diese Methode kann außerdem dann angewendet werden, wenn eine Bohrung aus technischen Gründen eingestellt werden muß und eine zweite Bohrung erforderlich wird. Das gerichtete Schrägbohren erlaubt hier, einen Teil der niedergebrachten Bohrung auszunutzen und den Transport der Bohranlage zu vermeiden.

Diese Methode erfordert also einen geringeren Aufwand an staatlichen Mitteln und beschleunigt die Erkundungs-

[1] Aus: „Geologija Nefti i Gasa", H. 1, S. 57–60, 1960. Übers.: SCHENK

arbeiten. Das gerichtete Schrägbohren wird daher für die Entwicklung der Erdöl- und Erdgaserkundung in Westkasachstan von großer Bedeutung sein.

Die Kosteneinsparung bei dieser Bohrmethode ergibt sich aus folgenden Faktoren:

1. Die Montage- und Demontagearbeiten werden wesentlich verringert. Dadurch wird auch ein Teil der Transportmittel freigemacht. Das ist für die verstreute Lage der Objekte und den schlechten Zustand der Wege im Emba-Gebiet besonders wichtig.

2. Durch die Verringerung der Anzahl der Bohrungen, die für die Erkundung einer Struktur notwendig sind, erhöht sich die Wirtschaftlichkeit der Erkundungsbohrungen. Das führt auch zur Verkürzung der Bohrtermine und zur Beschleunigung der gesamten Erkundungsarbeiten.

Bei der Erkundung der Erdölführung der Salzkuppelstruktur Shantaj wurde das gerichtete Schrägbohren bereits angewandt (Abb. 3).

Zur Klärung der Erdölführung der Jura- und Permotriasablagerungen hätten bei der Anwendung der gewöhnlichen Erkundungsmethodik auf der Nordflanke der Struktur Shantaj zwei Erkundungsbohrungen vorgesehen werden müssen: die Bohrung 2 mit 1550 m Teufe und die Bohrung 3 mit 1800 m Teufe. An Stelle dieser beiden Bohrungen wurde die gerichtete Schrägbohrung 2-n für eine Teufe von 1850 m angesetzt.

Diese Bohrung sollte bis 950 m Teufe vertikal und ab 950 m unter einem Winkel von 30° bis zur Endteufe (1850 m) niedergebracht werden und so die Jura- und Permotriasablagerungen in den günstigsten Strukturverhältnissen (ungefähr in 200 m Entfernung von den Schichtköpfen) erschließen. Die Bohrung konnte am 15. Mai 1957 begonnen und am 13. November 1957 bei 1875 m mit Erfolg eingestellt werden. Die Bohrung wurde planmäßig bis 950 m Teufe vertikal und ab 950 m unter einem Winkel von 25° bis zur Sohle niedergebracht. Ihre Ablenkung verlief 60 bis 150 m von den Schichtköpfen der Jura- und Permotriasablagerungen entfernt.

Die Auswertung der Bohrung ergab, daß durch einen gegenüber der ursprünglichen Annahme etwas anderen

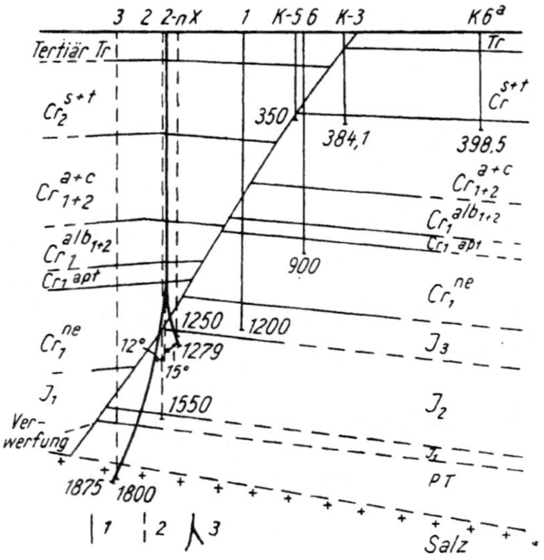

Abb. 3. Salzstock Shantaj

1 — niedergebrachte vertikale Erkundungsbohrungen, 2 — projektierte vertikale Erkundungsbohrungen, 3 — niedergebrachte Schrägbohrung

Verlauf der Verwerfungen die Ablagerungen des Oberen Jura, in denen erdölführende Horizonte möglich sind, noch nicht erkundet waren. Zur Untersuchung dieser Ablagerungen hätte eine vertikale Bohrung „X“ mit 1250 m Teufe angesetzt werden müssen. Diese Aufgabe wurde jedoch durch eine weitere Ablenkung der Bohrung 2-n von 1040 m bis 1279 m Teufe gelöst.

Durch die erste und zweite Ablenkung konnte die Bohrung 2-n ihr Ziel erreichen. Außerdem wurden durch diese Bohrmethoden über 806000 Rubel eingespart.

Aufbereitung der Bohrspülung mit Turbolöser

BRUNO HEYNE, Gommern

Durch die umfangreichen geologischen Erkundungen in der Deutschen Demokratischen Republik hat sich die Anzahl der Tiefbohrungen erhöht, wodurch ein Mehrverbrauch an Bohrspülung zu verzeichnen ist.

Für die Herstellung normaler Bohrspülungen wurde bisher Friedländer Septarienton verwendet. Der VEB Fliesenwerk Friedland besaß eine ausreichende Trocknungs- und Vermahlungsanlage, so daß das Tonmehl zur Herstellung von Bohrspülungen verwendet werden konnte. Infolge der allgemeinen Kapazitätserweiterung der Bohrbetriebe und der Gießereitechnik kann der Bedarf an Tonmehl von dort nicht mehr gedeckt werden. Die Bohrbetriebe, insbesondere der VEB Erdöl und Erdgas Kombinat, sind daher gezwungen, zur Verwendung von Frischton statt Tonmehl überzugehen.

Die Untersuchungen zeigten, daß außer dem Friedländer Frischton noch andere, in der Nähe der Bohrfelder befindliche Tonvorkommen, z. B. der Mallißer, der Immelborner und der Joachimsthaler Ton, zur Herstellung von Bohrspülungen benutzt werden können.

Mit den üblichen Mischaggregaten konnte der Frischton auf den Bohranlagen nicht einwandfrei in eine Ton-Wasser-Suspension mit ca. 20—40% Ton, die eine Bohrspülung darstellt, aufgelöst werden.

Es soll nun ein neuartiges Verfahren, nämlich der Einsatz von Turbolösern zur Aufbereitung von Bohrspülungen mit Frischtonen, beschrieben werden. Turbolöser sind ursprünglich von dem VEB Papiermaschinenwerk Polygraph in Freiberg (Sachsen) für die Papierindustrie entwickelt worden und befinden sich zur Zeit dort bereits im Einsatz.

Das Gerät besteht aus einem zylindrischen Behälter, der unten durch einen gewölbten Boden abgeschlossen ist. In dem Boden befinden sich der schaufelbesetzte Rotor, der Siebring und darunter der Stoffsammelkanal. Der Troginhalt wird durch feststehende Schaufeln, die am Boden angebracht sind, abgebremst. Dadurch entsteht die für den Turbolöser charakteristische umwälzende Bewegung. Der Anschluß für den Stoffaustritt befindet sich am Stoffsammelkanal. Der Antrieb des Turbolösers erfolgt entweder über Keilriemen oder durch direkt gekuppelten Elektromotor. Für die Auflösung der Spülungschemikalien, z. B. Agfa-Zellin, Versprühte Ablauge u. a., hat sich das Gerät bestens bewährt, was zu erwarten war. Für die Aufbereitung von Frischton, der in Brocken bis zu 5 kg Gewicht vorlag, sind ca. 8—12 min Rührzeit in diesem Gerät erforderlich, um einen Ansatz zu einer homogenen Spülung aufzubereiten.

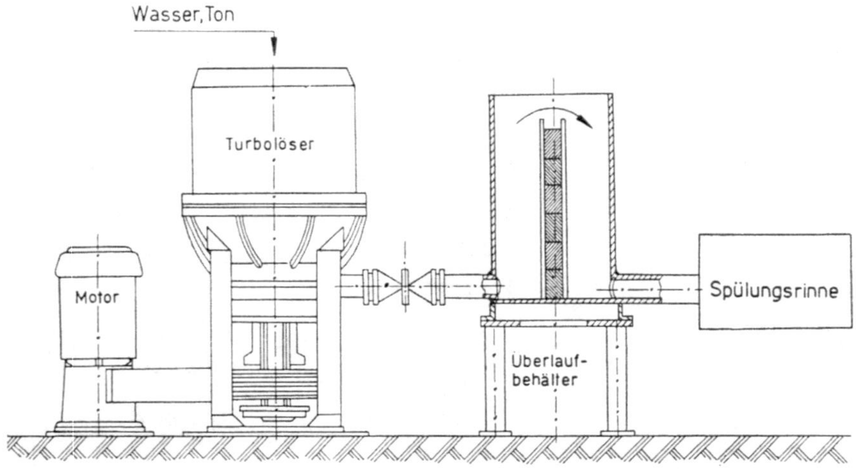

Aufstellung des Turbolösers auf dem Bohrfeld

Großversuche auf den Bohranlagen zeigten, daß durch ein Überangebot an Ton diese Zeiten noch verkürzt werden können. Durch eine Anordnung mit Überlaufgefäß (siehe Abb.) ist eine kontinuierliche Spülungsaufbereitung durchführbar. Dazu muß die Beschickung des Rührbehälters mit den entsprechenden Ton- und Wassermengen natürlich fortlaufend erfolgen. Durch das Niveaugefäß kann das Rührgut nicht spontan, sondern nur gleichmäßig ausfließen.

Eine solche kontinuierliche Spülungsaufbereitung mit dem Turbolöser TL 600, Fassungsvermögen ca. 100 l, entspricht der herkömmlichen Aufbereitung von Tonmehl im Mischtrichter. Die Untersuchungsergebnisse der hergestellten kolloidalen Lösungen zeigten, daß die Vermischung und Auflösung von Frischton sehr intensiv vor sich gehen. Das Verfahren liefert eine bereits ausgequollene Bohrspülung.

Die Versuche ergaben, daß das Problem der Aufbereitung von Frischtonen mit dem Turbolöser einwandfrei gelöst wurde. Da, wie bereits erwähnt, der Turbolöser nicht nur zur Tonaufbereitung, sondern auch zur Auflösung der Spülungszusätze verwendet werden kann, ist der Einsatz dieses Gerätes in der Spülungstechnik auf dem Bohrfeld geplant.

Geochemische Zyklen

(Bericht über die Vorträge der Sektion 1 zum XXI. Internationalen Geologenkongreß in Kopenhagen 1960)

HANS JÜRGEN RÖSLER, Freiberg (Sa.)

Im folgenden wird kurz über die insgesamt 16 Vorträge der Sektion 1 berichtet. Für die Vorträge, die Berichterstatter nicht besuchte, wurden die gedruckt vorliegenden Kurzfassungen der Vorträge als Unterlage benutzt.

1. G. A. DEIÇHA (Frankreich): Die Beteiligung der aus größerer Erdtiefe stammenden Fluida im Kohlenstoffzyklus

Das Verhältnis CO_2/H_2O in Einschlüssen von Mineralen aus größerer Erdtiefe ist von der gleichen Größenordnung wie an der Erdoberfläche (Hydrosphäre + Atmosphäre). Es wird daraus geschlossen, daß auch durch gesteins- und mineralbildende Prozesse außerhalb des Vulkanismus bedeutende Mengen dieser Substanzen dem geochemischen Kreislauf zugeführt wurden.

2. H. HARDER (Westdeutschland): Das Bor im Kreislauf der Gesteine

Neue Boranalysen von Eruptiv- und Sedimentgesteinen bestätigen und verfeinern das bekannte Verteilungsschema des Bors in der Erdkruste. Basische Gesteine haben stets B-Gehalte < 5 g/t. In Sedimenten ist das Bor an die Tonkomponente gebunden (vor allem an Illite). Die höheren Gehalte in den sauren Magmatiten sind z. T. durch Assimilation von Sedimenten zu erklären.

3. K. K. TUREKIAN & M. H. CARR (USA): Geochemie des Chroms, Kobalts und Nickels

Zahlreiche neue Analysen ermöglichen Aussagen über das geochemische Verhalten dieser Elemente. Speziell wurden die Verhältnisse in den basischen Gesteinen des Stillwater-Komplexes (Montana) und im Kontaktbereich basaltischer Intrusiva studiert.

4. J. RASUMNY (Frankreich): Feststellung von freiem Kohlendioxyd in Mineralen

Die Einführung stärkerer Vergrößerungen (bis 1000fach) an Erhitzungsmikroskopen zur Durchführung von Dekrepitationsversuchen ermöglicht die genaue Feststellung der Verteilung der fluiden Einschlüsse. Die Vorteile dieses Verfahrens werden geschildert.

5. A. J. COHEN (USA): Germaniumgehalte in Tektiten und anderen natürlichen Gläsern. Schlußfolgerungen über die Entstehung der Tektite

Der Ge-Gehalt der meisten untersuchten Tektite liegt so tief ($\leqq 0{,}24$ g/t Ge), daß eine terrestrische Herkunft unwahrscheinlich ist. Diese niedrigen Gehalte entsprechen den Ge-Gehalten im nichtmagnetischen Anteil der Chondrite. Einige zweifelhafte Tektite konnten auf diese Art als Obsidiane, Glassande usw. erkannt werden. Im Anhang wird der Nachweis erbracht, daß das Ge (IV) das Si (IV) vorzugsweise in Strukturen mit schwacher Tetraederbindung (z. B. Topas = ~ 30 g/t Ge) ersetzt und wenig in die spiralförmige SiO_4-Tetraederstruktur mit kräftiger Bindung (Quarz mit 2,3 g/t Ge) eingebaut wird.

6. J. JANDA & E. SCHROLL (Österreich): Geochemische Untersuchungen an Graphitgesteinen

Die spektrographische Untersuchung zahlreicher österreichischer Graphite ergab, daß mit zunehmendem C-Gehalt der Anteil an Spurenelementen abnimmt. Auf Grund der Spurenelementparagenese (1. Ge-Be-Cr-B, 2. Mo-Co-Ni-V) lassen sich Rückschlüsse auf die Entstehung der Graphite ziehen (aus Kohlen oder Bitumengestein bzw. Sapropeliten).

7. M. BEN-YAIR (Israel): Studien des Verwitterungszyklus von Kalksteinen in Israel

„Harte" Kalksteine geben ein sehr calciumarmes Verwitterungsprodukt aus überwiegend Kaolinit, weniger Montmorillonit und Illit, während „weiche" Kalksteine einen sehr calciumkarbonatreichen Boden (30–70% $CaCO_3$) mit viel Montmorillonit, wenigem Attapulgit, Illit und Kaolinit ergeben. Die Ursache liegt in der hohen Porosität der weichen Kalksteine, die eine Speicherung der Feuchtigkeit im Winter und deren kapillares Aufsteigen im Sommer erlaubt.

8. M. Ilic (Jugoslawien): Umwandlung der Propylite in der Verwitterungszone

Es wird darauf hingewiesen, daß in den oberflächennahen Teilen propylitisierter Gesteine die Umwandlung oft nicht nur auf die aszendente Propylitisierung selbst, sondern auf tiefreichende Verwitterungsvorgänge (Karbonatisierung, Silifizierung, Kaolinitisierung usw.) zurückzuführen ist.

9. G. E. Hendrickson & R. A. Krieger (USA): Verhältnis des Wasserchemismus zum Wasserabfluß in Kentucky

Durch Untersuchungen an einigen Flüssen in Kentucky wird die bekannte gegenläufige Beziehung zwischen der Konzentration der gelösten Substanzen und der Menge des abgeführten Wassers weitgehend bestätigt und präzisiert. Es werden die Gründe für die Modifizierungen der Grundregel aufgezeigt. Besonders hervorgehoben wird die Methode der spezifischen Leitfähigkeit des Wassers.

10. G. Mueller (Chile): Theorie der Entstehung der nordchilenischen Nitratlagerstätten durch „Kapillar-Konzentration"

Es wird ein Transport löslicher Salze aus den Anden in das Salzpfannengebiet zwischen Küstenketten und Anden und ihre dortige Ausscheidung angenommen. Lediglich die am leichtesten löslichen Salze (Nitrate) wandern durch Kapillarwirkung in die Umgebung (Hänge) dieser Tiefgebiete, die Lösungen scheiden hier auf Grund der abnormen klimatischen Verhältnisse (Niederschlagsarmut) diese Salze aus. Unterstützt wird diese Theorie durch die jetzt verbesserte Deutungsmöglichkeit des J/Br-Verhältnisses sowie durch Laborversuche.

11. W. Back (USA): Entstehung hydrochemischer Faziesbereiche im Grundwasser der atlantischen Küstenebene

Das Studium der Grundwässer bis in einige hundert Meter Tiefe im atlantischen Küstenbereich bei Washington (Süd-Maryland) zeigt, daß es genau festzulegende chemische Faziesbereiche gibt (Ca-Mg-Fazies, Na-Fazies usw.). Es können Beziehungen zur Lithofazies (Kreide und jünger) erkannt und die Wege des Grundwassers von den Niederschlagszentren bis zum Abfluß in Quellen und Flüssen festgelegt werden.

12. C. A. Borisenok & A. A. Saukow (UdSSR): Der geochemische Zyklus des Galliums

Auf Grund zahlreicher neuer Analysen von Material aus der Sowjetunion werden das geochemische Verhalten und der geochemische Zyklus des Galliums erneut diskutiert. Als Durchschnittsgehalte werden angegeben:

Gestein	Meteorite	ultrabasisch	basisch	intermediär	sauer	alkalisch
Ga g/t	3	2	15	16	19	40
Ga/Al·10^{-4}vol.	–	1,0	1,8	1,9	2,6	4,1

Die höchsten Ga-Konzentrationen sind festzustellen in a) Greisen, b) Zinkblende und c) Hydrolysaten (Bauxit). Die Parallelität zum Aluminium ist im Oberflächenbereich nicht immer vorhanden (Halloysit).

13. E. C. T. Chao & M. Fleischer (USA): Häufigkeit des Zirkoniums in Magmatiten

Eine Zusammenstellung der Zr-Gehalte zahlreicher Gesteine zeigt eine grundsätzliche Zunahme von basischen zu sauren Gesteinen. Alkaligesteine jeglichen Chemismus sind fast stets zirkoniumreich. Bevorzugt ausgewertet wurden die basaltischen Gesteinsprovinzen mit ihren Differentiaten aus Nordamerika, dem zirkumpazifischen Raum und Großbritannien.

14. R. D. Russel & F. Kollar (Canada): Deutung der Schwankung des Isotopenverhältnisses in gewöhnlichem Blei

Es werden vor allem die geologischen Probleme dargelegt, die mit der Schwankung des Bleiisotopenverhältnisses in Verbindung stehen. Auf der Erde wird zwischen zwei Bleiarten unterschieden: Das „conformable" Blei zeigt geochemische Ähnlichkeit (besonders in der Konstanz des Th/U-Verhältnisses) mit meteoritischem Blei. Da es sich unter reduzierenden Bedingungen gebildet haben soll, wird seine Entstehung unter die Erdkruste (subkristallin) verlegt. Im Gegensatz dazu wurde das „anomale" Blei unter oberflächennahen oxydierenden Verhältnissen (wechselndes TH/U-Verhältnis) gebildet und unterlag einer Isotopenverschiebung.

15. M. Fleischer & E. C. T. Chao (USA): Einige Probleme der Häufigkeitsbestimmung von Elementen in der Erdkruste

Die Genauigkeit der Analysen ist durch Kontrollanalysen in anderen Laboratorien bzw. durch Verwendung von Eichsubstanzen (z. B. Standards G-1 und W-1) zu bestätigen und zu verbessern. Die Schwierigkeit der Mittelwertbildung über die gesamte Erde sollte vorerst durch die Aufstellung genauer regionaler Durchschnittswerte behoben werden.

16. V. Janovici & M. Savul (Rumänien): Geochemie der Hauptelemente in den Karbonatgesteinen Rumäniens

Im großen ganzen nimmt der Ca-Gehalt in den geologisch jüngeren Karbonaten zu (entsprechende Abnahme des Mg). Es treten zwei Haupttypen auf: 1. reine Kalksteine, 2. Dolomite mit dem Häufigkeitsmaximum an der Grenze reiner Dolomite und schwach calcitischer Dolomite.

Nicht alle Vorträge wurden dem Rahmenthema voll gerecht. Einige Autoren faßten dieses sehr frei auf und berichteten über Teile geochemischer Zyklen oder überhaupt über geochemische Eigenschaften von Elementen, Mineralen und Gesteinen.

Die Zusammenstellung zeigt, daß heute zur Geochemie und zum Begriff „Geochemische Zyklen" Arbeitsgebiete gerechnet werden, die früher anderen Disziplinen zugeordnet wurden (z.B. Vorträge 7—11); doch mag diese Zuordnung zum Teil organisatorisch bedingt sein. Die Thematik und die Ergebnisse der Vorträge waren in allen Fällen geochemisch sehr interessant, wenn auch verschiedentlich sehr spezielle Probleme behandelt wurden. Ein gemeinsamer Tenor aller Arbeiten ist noch nicht herauszulesen, die Geochemie befindet sich noch weitgehend im Stadium des Zusammentragens und der Sichtung geochemischer Daten und versucht im Einzelfall zur Lösung lagerstättenkundlicher, geologischer und anderer Probleme beizutragen.

Die große Zahl der Vortragenden aus den USA zeigt die Bedeutung, die dort der Geochemie und den geochemischen Methoden zuerkannt wird. Es ist bedauerlich, daß von der bekannten sowjetischen geochemischen Schule nur ein Vortrag gehalten wurde (ein weiterer in der Sektion 2). Auch von deutschen Wissenschaftlern ist leider nur ein Thema behandelt worden. Wir sollten auch hier gute Traditionen weiterführen und nach außen mit den Ergebnissen in Erscheinung treten.

Die Besucherzahl bei den Vorträgen der Sektion 1 lag zwischen etwa 50 und über 200 Personen, was dem Durchschnitt der meisten anderen Veranstaltungen entsprach. Die Atmosphäre war dank der klugen Vortragsleitung durch namhafte Geochemiker sehr sachlich und angenehm.

Hauptversammlung der Gesellschaft Deutscher Metallhütten- und Bergleute e.V.

Vom 9. bis 12. September 1960 in Aachen

Teil II

GÜNTER PRATZKA, Berlin

Dipl. Ing. C.-H. KALTHOFF, Unterneschbach: Maßnahmen zur Überwachung und Beeinflussung der Haufwerksqualität, vor allem bei der Umstellung auf andere Abbau- und Gewinnungsverfahren

Die Veränderlichkeit der Metallpreise zwingt nicht nur zeitweise zum selektiven Abbau, sondern macht auch eine ausreichende Kontrolle über die mit der Mechanisierung der Abbau- und Gewinnungsverfahren verbundene Verdünnung notwendig. Ferner neigt man zur Verschlechterung der Haufwerksqualität durch Erfüllung des Erzsolls mit taubem Gestein. Eine Kontrolle, die ohne große Umstände über die Gehalte des Fördergutes von den einzelnen Abbauen Auskunft gibt, ist um so notwendiger, wenn die Vererzung stark absetzig ist, die Gehalte wechseln und neue Abbauverfahren ausprobiert werden.

Auf der Blei-Zinkerzgrube Lüderich hat man in der Aufbereitung, ohne die Zahl der Arbeitskräfte zu vergrößern, ein weitgehend automatisch arbeitendes Kontrollsystem eingerichtet.

Die Aufbereitung besteht jetzt aus:

a) Vorzerkleinerung	Durchsatz	200 t/h	
b) Mittelzerkleinerung	,,	40 t/h	System I
,,	,,	60 t/h	,, II
,,	,,	10 t/h	Kontrollprobeanlage
c) SS-Anlage	,,	40 t/h	
Nachzerkleinerung	,,	40 t/h	System II
d) Feinzerkleinerung	,,	20 t/h	,, I–II
,,	,,	2,5 t/h	Kontrollprobeanlage

e) Flotation 8- und 12-t-Anlage
Flotation 2,5-t-Anlage für Kontrollproben

f) Filteranlage für PbS- und ZnS-Konzentrat
2 große Anlagen mit je 16 m³ ZnS/h
und 3 m³ PbS/h
keine Kontrollprobeanlage
4 m³ ZnS/h
und 3 m³ PbS/h

Durch Kennzeichnen der Förderwagen und getrennte Bunkerung kann mittels der Kontrollprobeanlage (System III) mit einer Leistung von 2,5 t/h zu jeder beliebigen Zeit ein Abbauort, Revier, neues Lagerstättenteil usw. auf den Metallgehalt im Fördergut kontrolliert und die Lagerstättenkartei vervollständigt werden. Das gleiche gilt für geologische Erkundungsarbeiten in der Gangzone.

Ferner ermöglichen elektrisch geschaltete, halbautomatische Probenahmeeinrichtungen, Umschaltklappen und fahrbare Transportbänder die Probenahme in den verschiedenen Aufbereitungsstufen bei System I u. II. Die Erkundung neuer Lagerstättenteile erfolgt durch Richtstrecken und Querschläge im Abstand von 50 m. Die Gangzone wird durch Kernbohrungen erkundet. Auf 1 t verwertbares Rohhaufwerk entfallen 3 cm Kernbohrung. Der Bohrkern wird nur makroskopisch bemustert. Dadurch kann man Stärke und Ausdehnung der Vererzung ausreichend genau einschätzen.

Prof. Dr. Ing. habil. A. GÖTTE & Dipl.-Ing. W. WAGNER, Aachen: Untersuchungen zur trockenen Feinstzerkleinerung

Ausgehend von den Ergebnissen früherer Untersuchungen, in denen festgestellt wurde, daß bei der trockenen Feinstzerkleinerung durch Zusatz von Dämpfen verschiedener Flüssigkeiten wesentlich bessere Erfolge erzielt werden als unter Luft, galt es, die Ursachen der unterschiedlichen Anpassungsfähigkeit der Dämpfe an das jeweilige Mahlgut zu erforschen. Anbackungsuntersuchungen wurden am Mahlgut von Sand, Quarz und Kalkstein durchgeführt. Die Mahlversuche wurden unter Dämpfen von Benzol, Tetrachlorkohlenstoff, Wasser, Azeton, Dichloräthan und unter trockener Luft durchgeführt. Dem Anbacken wirkt das Verteilen entgegen. Azeton wirkt günstig auf die Zerkleinerung von Kalkstein und Sand. Die verteilende Wirkung ist z. B. bei Anwendung von Dichloräthan auf Kalkstein am geringsten. Die Anbackungen nehmen mit der Mahldauer und der Sauerstoffabsorption zu. Gase sollen sich wie Dämpfe für derartige Versuche eignen und am Mahlgut einen dünnen Film (Flüssigkeitshaut von Gasen) bilden. Diagramme zeigten die Abhängigkeit der Oberflächenvergrößerung von der Mahldauer und der verwendeten Flüssigkeit sowie die Anbackungen in Gew.-% vom Mahlgut.

Die Untersuchungen haben ergeben, daß diese Abhängigkeit auf verschieden gute Verteilbarkeit des Haufwerks und wahrscheinlich auf unterschiedliche Absorbierbarkeit der Dämpfe zurückzuführen ist.

Weitere Versuche haben gezeigt, daß die Absorption durch das Mahlgut mit Hilfe radioaktiver Bestrahlung beeinflußt werden kann. Die positive Aufladung nimmt mit der Strahlungsdauer zu und fördert die Aufnahme von Sauerstoffteilchen. Es bilden sich Sperrschichten. Abschließend wurde darauf hingewiesen, daß die Anwendbarkeit der KEGELschen Brikettiertheorie auf diesen Arbeitsbereich durch die Versuchsergebnisse bestätigt wurde.

Dr.-Ing. G. SALZMANN, Köln: Die Entwicklung der Schwimm-Sink-Aufbereitung und ihre Bedeutung innerhalb der Erzaufbereitung

200 SS-Anlagen sind in den kapitalistischen Staaten in Betrieb, wobei die Steinkohlenanlagen nicht eingerechnet wurden. Die Anlagen haben einen Jahresdurchsatz von 56 Mill. t Erze (Pb, Zn, Cu, Fe), Minerale, Salze und Gesteine (CaF_2, $CaCO_3$, Kies, $MgCO_3$, Bims, Stein- u. Kalisalze), das sind rd. 16% der sich auf ca. 350 Mill. t belaufenden Rohproduktion.

Aus wirtschaftlichen Gründen werden in der SS-Aufbereitung keine echten schweren Lösungen, sondern Suspensionen aus Wasser und auf $< 0{,}2$ mm gemahlenen Schwerstoffen (Ferrosilizium, Magnetit, Bleisulfid u. a.) angewendet. Da gemahlenes FeSi eine große, vielgestaltige Oberfläche hat und große Wasserreibung hervorruft, wird verdüstes FeSi mit kugeliger Form verwandt.

Bei den Scheidern wird zwischen fast statischen Scheidern (Konus- oder Kastenscheider mit Lüftheber für Sinkgutaustrag für feinkörniges Aufgabegut von ca. 30—1 mm; Kastenscheider mit Hubrad für Sinkgutaustrag bei gröberem Aufgabegut von ca. 200—10 mm; Trommelscheider mit eingebauten Aushebebechern oder Schaufeln für Sinkgutaustrag bei Aufgabegut nicht < 10 mm) und dynamischen Scheidern (Zyklon-Scheider für feinstkörniges Aufgabegut von 10—0,8 mm) unterschieden.

Die SS-Anlagen arbeiten mit Durchsatzkosten zwischen 0,45 und 1,50 DM/t. Während besonders bei Baustoffen durch die alleinige Anwendung einer SS-Anlage eine Lagerstätte wirtschaftlich genutzt werden kann, wird der Durchsatz bei Aufbereitungen durch Vorschalten von SS-Anlagen und Abstoßen von groben Fertigprodukten erhöht.

Dipl.-Ing. K. HORVAY, Gey ü. Düren: Die Kollektiv-Selektiv-Flotation der Aufbereitung des Maubacher Bleiberges

Im Fördergut des Maubacher Bleiberges ist der Zn-Gehalt von 0,3% auf 1,6% angestiegen. Die bekannten Vorräte haben einen Pb-Gehalt von 2,25% und einem Zn-Gehalt von 1,41%. Die Aufbereitungsanlage des Maubacher Bleiberges war als Pb-Flotation errichtet worden, da die in den ersten Jahren des Betriebes gewonnenen Erze sehr geringe Zn-Gehalte hatten.

Seit April 1959 werden außer Blei- auch Zinkkonzentrate gewonnen. Der Umstellung der Anlage von einmetallischem auf zweimetallischen Betrieb gingen über 80 Laborversuche voraus. Den Laborversuchen folgten Versuche im Pilotbetrieb. Diese Versuche deckten Störstellen auf und schränkten das Risiko für den Großbetrieb ein. Die Versuche in der Pilotanlage bestätigten die Ergebnisse der Laborversuche hinsichtlich Qualität und Kosten. Bei den Laborversuchen wurden verschiedene Sammlerreagenzien verwendet und ihr Einfluß auf die kritischen p_H-Bereiche ermittelt. Der Aufwand für Reagenzien betrug 0,53 DM/t Durchsatz. Beim neueingerichteten Großbetrieb wurde die frühere Bleiflotation als Vorflotation für Pb und Zn mit 12 Zellen von je 1,5 m^3 verwandt. In der Vorflotation wird ein Blei-Zink-Mischkonzentrat unterhalb des „kritischen p_H-Wertes“ beider Minerale ausflotiert. Dann wird bei der Mischkonzentrat-Trübe der p_H-Wert über den für Zinkblende „kritischen p_H-Wert“ erhöht und in der Blei-Zink-Trennung das Bleikonzentrat ausgeschwommen. Das Zinkkonzentrat bildet die Abgänge.

Als Anfangschwierigkeiten traten wegen eines zu geringen Zn-Gehaltes ein hoher Mischkonzentratanteil auf. Störend machte sich auch ein wechselnder Gehalt im Aufgabegut bemerkbar. Metallsalze (Oxyde, Sulfate), die sich durch Niederschlagswässer an tektonischen Störungen bilden und durch die Bemusterung nicht bestimmt werden können, verhalten sich in der Aufbereitung wie störende Komponenten. Ein erhöhter Wasserverbrauch machte die Einrichtung eines geschlossenen Wasserkreislaufes notwendig. Das führte zu einer Anreicherung der Xanthate. Fehlausträge traten durch Flockung auf.

Die Flotation konnte ohne bauliche Erweiterung der bestehenden Anlagen umgestellt werden. Die Betriebskosten der Kollektiv-Selektiv-Flotation werden als niedrig bezeichnet. Die Kosten für Reagenzien betragen jetzt 0,33 DM/t Durchsatz. Die in der Blei-Zink-Trennung nachzubehandelnde Mischkonzentratmenge beträgt nur 3—4% der der Vorflotation vorlaufenden Roherzmenge. Sammler und Schäumer werden nur in der Vorflotation gebraucht und machen die p_H-regelnden Mittel Kalk und Schwefelsäure, Zyan und Kupfersulfat überflüssig.

Dr.-Ing. H. W. WILD, Oberhausen-Sterkrade: Betriebliche Erfahrungen und Probleme des Stahlausbaus in Erzgruben

Die Holzkosten liegen bei 2—4 DM je t Erz. Der Stahlausbau hat u. a. die Vorteile: Zeiterparnis beim Einbringen und Rauben, mehrfache Verwendung, größere Sicherheit. Nur wenige Abbauverfahren eignen sich zur Anwendung eines Stahlausbaus. Von der Lagerstätte wird eine weitgehend gleichbleibende Mächtigkeit verlangt.

Der Querbau von unten nach oben und der Querbruchbau mit Versatzeinbringen eignen sich zum Stahlausbau (Bleiberg in Kärnten). Auf der Magnesitgrube Mayrhofen (Österr.) geht der Abbau in 1670—1980 m Teufe um. Bei den mit 0,5—1,0 m Abstand stehenden Bauen wurden die Türstöcke durch Stahlstempel ersetzt. Mit dem BBS-Stempel mit 40 t Stemmlast hat man gute Erfahrungen gemacht. 30% Holzeinsparung waren durch kombinierte Anwendung — Kappe mit Holz- und Stahlstempel — bei Spülversatz zu verzeichnen.

Der Strebbau ist für Stahlausbau besonders geeignet. Er wird auf der Grube „Kleiner Johannes“ (Franken) und „Karl“ (Geislingen/Württ.) bei 1,5—2,5 m mächtigen Eisenerzen des Dogger angewandt. Beim Stahlausbau wird ein schlechtes Hangendes besser als ein schlechtes Liegendes vertragen.

Da ein frühtragender starrer Stempel gebraucht wird, ist die Kennlinie der Lastaufnahme beim WIEMANN-Ringstempel am günstigsten. Beim planmäßigen Abbau mit Stahlstempeln soll von der Kombination Stahlstempel—Holzkappe Abstand genommen werden. Kappenlängen < 1 m sind nicht zu empfehlen.

Eine bessere Hangendpflege wird durch Stahlkappen erreicht, da das Zusammenquetschen des Holzes entfällt. Beim Stahlausbau betragen die Ausbaukosten 0,21 DM/t Erz. Die Wirtschaftlichkeit des Stahlausbaus nimmt mit der Schnelligkeit der Umsetzung des Ausbaus zu.

Dipl.-Ing. P. RÖMER, Düsseldorf: Die Anwendung des Ankerausbaus und sein Einfluß auf die Abbauführung bei den Eisenerzgruben der Porta-Damme-AG und Kahlenberg der Barbara Erzbergbau-AG

Die Grube Porta baut im Wiehengebirge das unter dem Ornatenton liegende ca. 1,5 m mächtige Wittekindflöz ab. Das Flöz hat ein Einfallen von 30°. Durch die geringe Mächtigkeit war eine ausreichende Mechanisierung nicht möglich. Das Ablösen großer Schalen vom Hangenden, bedingt durch Pyritpacken, machte eine großräumige Abbauführung unmöglich. Die Vorräte an bauwürdigem Eisenerz werden mit 8—9 Mill. t angegeben und stellen einen Vorrat für 30 Jahre dar. Durch neuere Bohrergebnisse mußten bei den alten Vorratszahlen Abstriche gemacht werden.

Durch Anwendung des Ankerausbaus (planmäßiges Nageln der Firste mit Zugankern im Abstand 1,5 ×1,5 m) konnte das Hangende beherrscht werden. Der Abstand der Abbaustrecken wurde von 25 auf 18 m verkürzt. Die Anker haben eine Nennlast von 11 t. Damit waren die Voraussetzungen für eine großräumige Abbauführung geschaffen. Bei einem Pfeilerdurchmesser von 2 × 2 m und einem Abstand von 6 bzw. 8 m wurde eine erhebliche Leistungssteigerung erzielt. Das Versanderz hat einen Fe-Gehalt von 25% bei 10% CaO und 13,1% SiO_2.

Die Grube Kahlenberg bei Freiburg baut das zum Dogger β gehörende Murchisoni-Erzlager ab. Es sind drei Bruchschollen, die durch den Einbruch des Rheinthalgrabens und den tertiären Vulkanismus gestört und stark klüftig sind. Das Erzlager hat eine Mächtigkeit von 10—12 m. Im Liegenden des Lagers liegt der Opalinus-Ton. Das Hangende bilden die Sauzei- und Sowerbyi-Schichten, die beim Offenhalten großer Abbauräume durch Hereinbrechen die Betriebssicherheit beeinträchtigen. Die Anwendung des Kammerpfeilerbruchbaus mit schwebendem Verhieb brachte Verbesserungen in der Leistung, aber noch nicht in der Betriebssicherheit.

Zur Verbesserung des Hangenden wurde ein Seilkappenausbau eingeführt. Es wurden Versuchsabbaue mit gleisloser Förderung eingerichtet.

E. TINCELIN, Ingenieur, Briey, & L. TERRIER, Directeur, Vallerey: Ankerausbau in den Lothringer Eisenerzgruben

Es wurde ein Überblick über die verschiedenen Aufgaben und Arten des Ankerausbaus gegeben. In Lothringen wurden zur Gewinnung von 1,5 Mill. t Kalisalz 150000 Anker eingebracht. In den lothringischen Eisenerzgruben ist der Ankerverbrauch seit 1952 auf das 14fache angestiegen. Die durch Steinfall verursachten Unfälle verringerten sich um 60%. Es konnten starke Abbaumaschinen zum Einsatz gebracht werden. Durch Anwendung des Pfeilerbruchbaus konnten die Abbauverluste auf 10—20% verringert werden.

Die verbreitete Anwendung des Ankerausbaus führte im Eisenerz- und Kalibergbau zu einer Leistungssteigerung und einer Senkung der Unfallziffer und der Abbauverluste.

In der Diskussion wurde darauf hingewiesen, daß im Ruhrgebiet „Klebanker“ aus Kunstharz Verwendung finden. Die Klebanker erreichen bereits nach ca. 30 Minuten eine Lastaufnahme von 11—16 t.

Zu einem 50jährigen Jubiläum in der Gefügekunde

THOMAS KAEMMEL, Berlin

Die beiden richtungweisenden Arbeiten von B. SANDER:

„Abbildung der bei geologischen Experimenten auftretenden Kräfte und Verschiebungen im Material“ (Verh. geol. Reichsanst. 1909) und „Über Zusammenhänge zwischen Teilbewegung und Gefüge in Gesteinen“ (TSCHERMAKS Mineral. Petrograph. Mitt., Bd. 30, 1911) sind in einer Zeit erschienen, in der auf vielen Gebieten Arbeiten publiziert wurden, die eine Umwälzung hervorriefen, z. B.:

M. PLANCK „Über irreversible Strahlungsvorgänge“ (1900), H. STILLE „Über präkretacische Schichtenverbiegungen im älteren Mesozoikum des Egge-Gebirges“ 1902), A. EINSTEIN „Zur Elektrodynamik bewegter Körper“ (1905), FRIEDRICH, KNIPPING & VON LAUE „Interferenzerscheinungen bei Röntgenstrahlen“ (1912).

Die von BRUNO SANDER und WALTER SCHMIDT entwickelte Gefügekunde hat Teildisziplinen der Geologie und Mineralogie eine neue Gestalt gegeben. Die Wirkung dieser Arbeitsrichtung erstreckt sich auch auf viele andere Gebiete (z. B. Biologie, Baustoffwissenschaft usw.). SANDER (1956) versteht unter Gefügekunde ganz allgemein: „die Befassung mit sämtlichen Raumdaten im Inneren eines interessierenden Bereiches und mit deren Zusammenhängen untereinander".

Die Formulierung der Gedanken und die Deutung der Beobachtungen, die in seiner Arbeit von 1911 niedergelegt sind, fußen auf einer mehrjährigen regionalen petrographisch-geologischen Arbeit im alpinen Raum. Eine besondere Bedeutung für die Entwicklung der Gefügekunde hat die Arbeit von G. F. BECKER: „Finite homogeneous strain, flow and rupture of rocks", Washington 1893, die SANDER für einen Teil der Gefügekunde ein theoretisches Gerüst bot.

Heute sind für uns die Abschnitte der SANDERschen Arbeit besonders wertvoll, aus denen hervorgeht, wie er an die Untersuchung geologischer Körper herangeht. Der Schwerpunkt der Gefügekunde lag 1911 — und liegt auch heute noch — auf dem Studium deformierter Körper in jeder Dimension, deren Gefüge in erster Linie durch die Deformation geprägt ist und deren aus dem Gefügebild ablesbare Teilbewegungen, wie SANDER sagt, summierbar sind. So schreibt er 1911:

„Der Begriff der Teilbewegung soll hier zweckmäßigerweise nichts über die Größe der Teile enthalten, als daß sie kleiner sind als das umzuformende Ganze und während der Umformung des ganzen Körpers, z. B. einer mächtigen Kalkschicht zu einem Gewölbe, sich gegeneinander verschieben, selbst aber keine oder eine nach eigenen Gesetzen verlaufende Bewegung ihrer Teilchen gegeneinander erfahren. Ein solcher Teil heißt ein Gefügeelement der untersuchten Form, welches seinerseits wieder aus Elementen anderer Ordnung bestehen kann."

Wir sehen also, daß der deformierte geologische Körper als Aggregat von Teilen aufgefaßt wird, wobei die Bewegung der einzelnen Teile gesetzmäßig mit der Gesamtbewegung des Körpers zusammenhängt.

Diese Anschauung, den Untersuchungsgegenstand, z. B. einen deformierten geologischen Körper bzw. dessen Form als Aggregat von Teilen (Gefügeelementen) anzusehen, deren Bewegungen in gesetzmäßiger Beziehung zur Gesamtbewegung stehen, ist nach Ansicht des Verf. eines der Hauptprinzipien der Gefügekunde. Hiermit im Zusammenhang steht die Entwicklung der statistischen Betrachtungsweise in der tektonischen Geologie, die seit der Verwendung der flächentreuen Kugelprojektion (SCHMIDTsches Netz) durch SCHMIDT (1925) eine überraschend schnelle Verbreitung gefunden hat. Erst in letzter Zeit wurden die auf diesem Netz abgebildeten Gefügediagramme genauer statistisch untersucht. Eine entsprechende zusammenfassende Arbeit stammt von VISTELIUS: „Strukturnie diagrammi", Moskau 1958. Die Symmetrie und damit zusammenhängend die Typisierbarkeit sind weitere wesentliche Prinzipien der Gefügekunde. So schreibt SANDER 1948:

„Die Typisierbarkeit einer Gestalt und darum auch ihre Benennbarkeit mit einem Begriffsnamen ist ein Ergebnis ihrer erkennbar gleichen Wiederbegegnung. Diese ist durch die Erfahrung gegeben." Und an anderer Stelle: „Symmetrie oder Raumrhythmus ist Wiederkehr von gleichem in gleichen räumlichen Abständen vom Symmetrieelement."

Methodisch ausschlaggebend für die Erkennbarkeit einer Bewegung ist ihre Abbildung im Gefüge des bewegten Körpers. Ist diese nicht vorhanden, so wird auch eine entsprechende gefügekundliche Untersuchung mit bewegungsanalytischem Ziel fehlschlagen.

Bis zum Erscheinen des SANDERschen Buches „Gefügekunde der Gesteine" (Wien 1930) entwickelte sich die Gefügekunde vorwiegend in Österreich und Deutschland. Von besonderer Bedeutung waren in dieser Zeit die Arbeiten von SCHMIDT, z. B. „Gefügesymmetrie und Tektonik", 1926, und die systematischen Arbeiten von SANDER.

Auch die Berliner geologischen Institutionen traten bereits damals mit gefügekundlichen Arbeiten hervor, worauf im folgenden etwas näher eingegangen werden soll. G. FISCHER, Mitarbeiter der Preußischen Geologischen Landesanstalt, veröffentlichte „Gefügeregelung und Granittektonik" (1926) und „Zum Problem der Schieferung" (1929).

Am Mineralogisch-Petrographischen Institut der Technischen Hochschule Berlin arbeitete seit seiner Berufung im Jahre 1930 bis zu seinem Tode 1945 WALTER SCHMIDT. Dieser hervorragende Wissenschaftler wurde noch kurz vor Kriegsende ein Opfer des nationalsozialistischen Terrorregimes; er fiel im April 1945 in Berlin als Volkssturmangehöriger.

Nach dem Erscheinen des Buches von BRUNO SANDER verbreitete sich die Gefügekunde rasch unter den Petrographen und Tektonikern. Viele wandten sich der Petrotektonik zu. Natürlich gab es auch Meinungsverschiedenheiten, die zu heftigen Auseinandersetzungen führten.

Von der schnellen Verbreitung der Gefügekunde zeugen die Lehrbücher oder ausführlichen Referate, die in den verschiedenen Ländern erschienen, z. B. BLISS-KNOPF & EARL INGERSON (1938, USA), FAIRBAIRN (1933, Kanada), PÄK (1939, Moskau), ANDREATTA (1937, Rom).

Die gefügekundlichen Arbeiten wurden immer zahlreicher, und die Gefügekunde erschloß sich immer neue Anwendungsbereiche, vor allem auch außerhalb der Tektonite, dem eigentlichen und erfolgreichsten Gebiet der Korngefügekunde. Von großer Bedeutung war die Einführung der Achsenverteilungsanalyse (AVA) durch SANDER für die Gefüge, die eine Verteilungsanisotropie (Form) besitzen und deren einzelne Gefügediagramme verschiedener Schnittlage sich nicht ineinander überführen lassen (RAMSAUER, Dissertation, Innsbruck 1941).

In Berlin setzte FISCHER seine gefügekundlichen Arbeiten fort. So erschienen 1933 „Gedanken zur Gesteinssystematik" und 1939 „Über das Grundgebirge der Bayrischen Ostmark". W. SCHMIDT veröffentlichte z. B. 1932 das Buch „Tektonik und Verformungslehre", 1936 den Aufsatz „Scherflächen" sowie 1938 gemeinsam mit LINDLEY „Scherung". Unter seiner Leitung wurden außerdem gefügekundliche Arbeiten angefertigt, unter denen eine besonders für die Salztektonik von Bedeutung ist.

1948 kam der erste Teil des Buches von SANDER „Einführung in die Gefügekunde der geologischen Körper — allgemeine Gefügekunde und Arbeiten im Bereich Handstück bis Profil", 1950 der zweite Teil „Die Korngefüge", heraus. Seit dem Erscheinen dieser Werke hat sich die Gefügekunde als wissenschaftliche Disziplin an vielen Hochschulen, Akademien und anderen Forschungsinstitutionen durchgesetzt und ist auch in Lehrbücher der Tektonik eingegangen.

Der Anwendungsbereich[1]) und die Methodik haben sich immer weiter ausgedehnt. Einen Überblick über den Stand der Gefügekunde bis etwa 1957 gibt PAULITSCH: „Fortschritte in der Gefügekunde. Anwendung und Methode" (Fortschritte der Mineralogie, Bd. 35, S. 184—211).

Die letzte große Arbeit von SANDER erschien 1959 in Wien, 50 Jahre, nachdem hier die erste ausgesprochen gefügekundliche Arbeit publiziert worden war. Diese „Beiträge zur morphologischen Kennzeichnung der Erde" sind ein Beispiel dafür, daß die Gefügekunde von der Größe des betrachteten Bereiches unabhängig ist.

Der Berliner Beitrag zur gefügekundlichen Forschung lag z. T. in der Untersuchung der Granite. Diese Arbeiten, die von S. v. BUBNOFF, Geologisch-Paläontologisches Institut der Humboldt-Universität und Geotektonisches Institut der Deutschen Akademie der Wissenschaften zu Berlin, angeregt worden waren, halfen mit bei der Stellung (1955) und der vorläufigen Lösung (1955, 1960) des Problems des Schnitteffektes bei der Untersuchung von Biotitgefügen im Dünnschliff[2]). Bei Graniten, deren Gefüge sowohl vom richtungsstatistischen wie vom Standpunkt der Verteilungsanisotropie fast isotrop sind, hat dies eine besondere Bedeutung. Allerdings zeigte sich auch, daß die bewegungsanalytische Korngefügekunde auf diesem Gebiet geringere Bedeutung hat als auf dem Gebiet der Tektonite, da das Korngefüge zahlreicher intrusiver Granite, wie der in situ gebildeten Granite, in erster Linie durch Kristallisation während der Abkühlung, also thermisch, geprägt wurde. Ferner wurden Untersuchungen im Schiefergebirge und im Kristallin durchgeführt.

Das Institut für Physikalische Hydrographie der Deutschen Akademie der Wissenschaften zu Berlin beteiligte sich durch Untersuchungen an klastischen Sedimenten. Besonders in den letzten Jahren werden am Petrographisch-Mineralogischen Institut der Technischen Universität wieder mineralogisch betonte Probleme der Gefügekunde bearbeitet.

In den kommenden Jahren, in denen eine Bearbeitung der deformationsmechanischen und der statistischen Grundlagen durchgeführt werden muß, wird sich die Gefügekunde sicher erfolgreich weiterentwickeln.

---

[1]) Literaturhinweise für die Bedeutung der Gefügekunde auf dem Gebiet der angewandten Geologie:
B. SANDER: Gefügekunde und Baugeologie. — Mitt. geol. Ges. Wien, Bd. 48, R. VON KLEBELSBERG-Festschrift, Wien 1959.
F. KARL: Anwendung gefügeanalytischer Arbeitsmethoden am Beispiel eines Bergbaues (Kupferbergbau Mitterberg, Salzburg). — N. Jb. Min., Abh., Bd. 85, 203—246, Stuttgart 1953.

[2]) Zu diesem Problem veröffentlichten ungefähr gleichzeitig B. SANDER und KASTLER & LADURNER in zwei Publikationen ihre Untersuchungsergebnisse (1954, 1957).

Lesesteine

Energieprognose und Energiepolitik

Über den Wert von langfristigen Prognosen für die kapitalistische Wirtschaft stellt die Zeitschrift „Glückauf" im 1. Heft 1961 aufschlußreiche Betrachtungen an.

Da bei der Ausarbeitung langfristiger Wirtschaftsprognosen die nicht vorauszusehenden Konjunkturschwankungen nicht einkalkuliert werden können, das wirtschaftliche Wachstum unter kapitalistischen Bedingungen aber weder kontinuierlich noch gleichmäßig verläuft, „läßt sich zu keinem Zeitpunkt der betrachteten Perioden mit Bestimmtheit angeben, ob die Entwicklung den in Beginn und Ziel festgelegten Wert der Vorschau einhält". Ein Beispiel für ein solches Auseinanderklaffen von Vorhersage und tatsächlicher Entwicklung, das die ganze Fragwürdigkeit eines solchen Versuches illustriert, liefert die auf der Entwicklung von 1950—1955 aufgebaute Vorschau über die voraussichtliche Entwicklung der Energieversorgung in der Bundesrepublik bis 1965. Dabei war angenommen worden, daß das Bruttosozialprodukt zu konstanten Preisen von 1955 bis 1960 um 20,3% steigen würde. Der Zuwachs des Energieverbrauchs war auf 19,8% geschätzt worden.

Die volkswirtschaftliche Leistung ist um 32% gewachsen, der Energieverbrauch jedoch nur um 15%. Das Wachstum der Gesamtproduktion war unterschätzt, die Zunahme des Energieverbrauchs jedoch überschätzt worden.

Als noch größer stellt sich die Abweichung dar, wenn man die Schätzung und das Ergebnis der Energiebedarfsdeckung betrachtet. Die tatsächlichen Anteile der verschiedenen Energieträger wichen noch stärker von der Vorausschätzung ab.

Die Schätzung des Mineralölverbrauchs war auf der Entwicklung des Treibstoffbedarfs aufgebaut. Die Entstehung von Heizölraffinerien war nicht in Rechnung gestellt worden. Der Mineralölverbrauch, der mit einer Steigerung um 66% in fünf Jahren angenommen worden war, stieg von 1955 bis 1960 in Westdeutschland fast auf das Dreifache und der Heizölverbrauch (Inlandabsatz ohne Eigenverbrauch der Raffinerien und ohne Bunkerung) um 520%. Allein der Zuwachs des Mineralölverbrauchs insgesamt entspricht dem geschätzten Zuwachs im Verbrauch aller Rohenergieträger zusammen.

Der Steinkohlenverbrauch dagegen ist nicht, wie angenommen, um 16% gestiegen, sondern ist um 3,5% hinter dem Umfang geblieben, den er 1955 in der Rohenergiebilanz hatte. Es war z. B. angenommen, daß die Rohstahlerzeugung 1960 26,7 Mill. t betragen und daß die eisenschaffende Industrie rd. 19 Mill. t Koks verbrauchen würde. Tatsächlich ist die Stahlerzeugung um 13% höher. Der Koksverbrauch hat durch Rationalisierungsmaßnahmen beim Hochofenbetrieb den geschätzten Umfang gerade erreicht. Bei gleichem spezifischem Koksverbrauch hätte die eisenschaffende Industrie 1960 fast um 3 Mill. t Koks mehr verbrauchen müssen. Die Kokshalden, die Feierschichten der Bergleute und die Stillegung von „Randzechen" im Ruhrgebiet lassen erkennen, daß es sich hier nicht nur um Schönheitsfehler der Statistik handelt.

Das Unvermögen, unter den chaotischen Verhältnissen des Kapitalismus die Wirtschaftsentwicklung über den kurzen Abschnitt von nur fünf Jahren vorauszusehen, hat hier besonders deutlich erkennbar zu fehlerhaften Entscheidungen geführt, die sich auf die Gesamtwirtschaft und auf den einzelnen verhängnisvoll auswirken. Als Ursachen für das Auseinanderklaffen von Vorhersage und Ergebnis wurden genannt: „Preisrelationen, Wettbewerbsverhältnisse und Verbrauchergewohnheiten", mit anderen Worten ausgedrückt: der ungehemmte Konkurrenzkampf der Monopole.

Selbstkritisch stellte „Glückauf" fest:

„Zwei Mängel werden den alten Prognosen hauptsächlich vorgeworfen. Der erste ist, daß sie die Entwicklung der Preisverhältnisse ungenügend oder überhaupt nicht berücksichtigt haben, daß sie also überwiegend quantitativ aufgebaut waren und vernachlässigt haben, daß der Markt über die Befriedigung der Bedürfnisse entscheidet. Der andere, vielfach in den Vordergrund gerückte Mangel der alten Vorschauen wird darin erblickt, daß die Fortschritte in der Energieverwendung, also die Rationalisierung des Energieverbrauchs, ungenügend oder falsch veranschlagt wurden. Beide Einwendungen müssen anerkannt werden, beide berühren allerdings Punkte, in denen es zweifelhaft ist, ob für neue Prognosen bessere Methoden der Schätzung zur Verfügung stehen."

Es wird dann auf die vom Bundestag veranlaßte Energie-Enquete über die „Entwicklung der gegenwärtigen und zukünftigen Struktur von Angebot und Nachfrage in der Energiewirtschaft der Bundesrepublik unter besonderer Berücksichtigung des Steinkohlenbergbaus" hingewiesen, von der man sich eine neue Prognose des Energiebedarfs und seiner Deckung verspricht. „Von dieser Untersuchung und ihren Schlußfolgerungen wird erhofft, daß sie die Grundlage einer nationalen Energiepolitik bilden und ihre Einordnung in eine europäische, koordinierte Energiepolitik leiten werden."

Resignierend wird jedoch festgestellt, „daß das blinde Vertrauen in die Vorschauen einer verbreiteten Skepsis gewichen ist". Le

Vermeidbare Kohlenkrise

Gegen die Auffassung, die anhaltende Kohlenkrise in den kapitalistischen Ländern sei unvermeidbar, wandte sich der Weltgewerkschaftsbund in einer Denkschrift an das Internationale Arbeitsamt.

Theorien, es gäbe zuviel Kohle oder diese sei, verglichen mit anderen Energiequellen, zu teuer, sind nach Auffassung des WGB nicht stichhaltig. Wörtlich heißt es: „Die Kohle ist und wird noch lange die Hauptenergiequelle der Welt bleiben. Wenn auch ihr Anteil an dem Gesamtenergieaufkommen abnimmt, so steigt doch ihr absoluter Verbrauch, auch in den kapitalistischen Ländern."

Das wichtigste in der Denkschrift angeführte Argument ist der Hinweis auf die entgegengesetzte Entwicklung in den sozialistischen Ländern. Trotz zunehmender Bedeutung des Erdöls entwickelt sich die Kohlenförderung weiter. Kein Bergarbeiter verlor, noch verliert dort seine Existenz. Statt dessen wird der sieben-, ja sechsstündige Arbeitstag bei vollem Lohnausgleich zur Regel.

Nicht, daß die strukturelle Veränderung im Verbrauch überhaupt keine Probleme in den sozialistischen Ländern aufwirft! Aber während der Kapitalismus darauf keine andere Antwort weiß, als Hunderttausende brotlos zu machen, schufen die sozialistische Planwirtschaft und die Orientierung auf die Bedürfnisse der Bevölkerung hier eine Lösung zum Vorteil der arbeitenden Menschen. e

Besprechungen und Referate

DORN, P.

Geologie von Mitteleuropa

2. Aufl., Verlag E. Schweizerbart, Stuttgart 1960. — 488 S., 126 Abb., 19 Taf., 11 Tab.; 64,— DM

Die zweite Auflage der „Geologie von Mitteleuropa" stellt gegenüber der im Jahre 1951 erschienenen ersten Auflage ein stark verbessertes und erweitertes Werk, sozusagen eine auf den neuesten Stand der regionalgeologischen Forschung gebrachte Synthese sämtlicher über dieses Gebiet bis einschließlich 1959 aus der Literatur bekannt gewordenen Untersuchungsergebnisse, dar. Ein Vergleich beider Ausgaben läßt die rasche Entwicklung unserer Kenntnisse über die Stratigraphie und den strukturellen Bau Mitteleuropas deutlich werden. Viele der vor zehn Jahren bestehenden Theorien wurden in dieser in zahlreichen Abschnitten fast vollkommen neu bearbeiteten zweiten Auflage auf Grund des heute vorliegenden geologischen Tatsachenmaterials entweder untermauert oder aber verworfen (z. B. die Frage der Allochthonie oder Autochthonie der Münchberger Gneismasse). Des weiteren mußte eine große Anzahl neugeprägter regionalgeologischer Bezeichnungen, die leider nicht in jedem Falle von den alten Begriffen klar getrennt wurden (z. B. Frankenwälder Quersattel — Frankenwälder Querzone), berücksichtigt werden. Auch erwies sich die Umzeichnung der einen und der anderen Übersichtskarte und eine Verbesserung und Vervollkommnung sämtlicher stratigraphischer Tabellen als unumgänglich.

Die verwendete Literatur wurde in einem sehr umfangreichen Schriftenverzeichnis mit über tausend Titeln zusammengefaßt. Das Buch wird deshalb auch für denjenigen, der sich eingehender mit einem bestimmten Gebiet Mitteleuropas beschäftigen will, eine wertvolle Hilfe beim Aufsuchen der wichtigsten Spezialarbeiten darstellen.

Am Aufbau des Buches hat sich gegenüber der ersten Auflage nicht viel geändert. Der mitteleuropäische Raum (von Lothringen im Westen bis zum Polnischen Mittelgebirge im Osten, von der Ostsee im Norden bis zu den Alpen im Süden) wurde nach geotektonischen Gesichtspunkten in fünf größere Komplexe unterteilt, und zwar in die norddeutsch-südbaltische Senke und ihre südskandinavischen Randgebiete, das vorvariscische und variscische Grundgebirge Mitteleuropas, den saxonischen Teil Mitteleuropas, die Molassebecken und den mitteleuropäischen Teil der Alpen. Jeder dieser geotektonischen Komplexe ist in sich regional gegliedert, wobei jedem regionalen Abschnitt meist eine stratigraphische Einführung vorangestellt wurde.

P. Dorn hat mit der zweiten Auflage der „Geologie von Mitteleuropa" kurz vor seinem Ableben ein Werk geschaffen, das trotz einiger Unzulänglichkeiten, die bei der Fülle des gebotenen Stoffes zwangsläufig auftreten müssen, nicht nur von den Geologen und den der Geologie nahestehenden Wissenschaftlern, sondern vor allen Dingen auch von den Studierenden der Geowissenschaften als eine ausgezeichnete Einführung in den geologischen Bau des mitteleuropäischen Raumes lebhaft begrüßt werden wird. D. Franke

Clausthaler Tektonische Hefte

Adler, R., W. Fenchel, W. Hannak & A. Pilger

Einige Grundlagen der Tektonik I
H. 1, April 1959

Adler, R., W. Fenchel & A. Pilger

Statistische Methoden in der Tektonik I. Die gebräuchlichsten Darstellungsarten ohne Verwendung der Lagekugelprojektion
H. 2, Februar 1959

Adler, R., W. Fenchel, W. Hannak & A. Pilger

Einige Grundlagen der Tektonik II. Die tektonischen Trennflächen
H. 3, Mai 1960

Die Clausthaler Tektonischen Hefte sollen als Ergänzung der Vorlesungen dienen, wollen außerdem für eigene Untersuchungen ein Leitfaden sein sowie Grundlagen und eine Übersicht über den gegenwärtigen Stand der Forschung auf dem Gebiet der Tektonik vermitteln. In den Heften soll auch die Nomenklatur tektonischer und gefügekundlicher Grundbegriffe unter den Tektonikern abgestimmt werden. Heft 1 war nach einem Jahr vergriffen, so daß 1959 eine zweite verbesserte Auflage herauskam. In ihm werden die Grundbegriffe erläutert. In Heft 3 wird vorwiegend das gestörte Gebirge besprochen, und es werden als regional-tektonische Beispiele das Siegerland, das Ruhrgebiet und das Gebiet der saxonischen Brüche aufgeführt. E.

Hrsg. von Robert Lauterbach

Geophysik und Geologie, Beiträge zur Synthese zweier Wissenschaften

Folge 2, 94 S., B. G. Teubner Verlagsgesellschaft, Leipzig 1960

„Irreguläre geomagnetische Anomalien und ihre Bedeutung für die Geologie" ist der Titel einer sehr beachtlichen Arbeit von W. Neumann, die im 2. Heft dieser neuen Schriftenreihe publiziert wurde. Bei geomagnetischen Messungen werden bisweilen Anomalien gefunden, für deren Störursache keine befriedigende Erklärung gegeben werden kann. Sie beruhen auf dem Phänomen der irregulären oder anomalen Magnetisierung geologischer Körper, die im Extremfall dem normalen erdmagnetischen Feld entgegengesetzt gerichtet ist. Für das Zustandekommen solcher irregulären Anomalien gibt es verschiedene Ursachen. Neumann versucht diese durch die chemische Zusammensetzung und Verteilung der ferromagnetischen Bestandteile sowie dessen Entstehungs- und Magnetisierungsgeschichte zu erklären. Die während der letzten Jahre in der Literatur bekanntgewordenen Beispiele für irreguläre Anomalien werden zusammengefaßt und durch Neuaufnahmen des Verf. im Feld, verbunden mit petrographischen und mineralogischen Untersuchungen der Gesteine, ergänzt. Insgesamt werden zusammenfassend dargestellt: irreguläre Anomalien über Magnetiterzlagern (insbesondere Berggießhübel in Sachsen; irreguläre Anomalien über Kontakthöfen und kontaktmetamorphen Plutoniten; irreguläre Anomalien über unveränderten und metamorphen Gesteinsschollen; irreguläre Anomalien über Vulkaniten, insbesondere Basalten; irreguläre Anomalien über Ganggesteinen (insbesondere Lausitzer Lamprophyre); der anomale geomagnetische Vertikalgradient über einem Keratophyrvorkommen im Harz.

Mit der geologischen Deutung magnetischer Anomalien im nordwestlichen Teil des Thüringer Schiefergebirges befaßt sich P. Franz in einem Aufsatz: „Erdmagnetische und petrographische Untersuchungen im südwestlichen Teil des Schwarzburger Sattels und im Südwestthüringisch—Fränkischen Triasland als Beitrag zur Deutung regionaler magnetischer Anomalien". Zur Interpretation der Anomalien führte der VEB Geophysik 1957 Ergänzungsmessungen mit einem mittleren Punktabstand von 100 m bis 300 m durch, die durch petromagnetische Untersuchungen vervollständigt wurden. Vom Verfasser wird versucht, eine Gliederung des Störbildes in eine dem Paläozoikum und Präkambrium und in eine dem Rotliegenden zugehörige Anomalie vorzunehmen. In den Isanomalenrichtungen tritt deutlich eine Vergitterung der herzynisch und erzgebirgisch streichenden Hauptstrukturen hervor. Die Störungen über dem Rotliegenden sind auf Erguß- und oberflächennahe Intrusivgesteine zurückzuführen, während die Deutung der Anomalien über dem Präkambrium und Paläozoikum erst durch eine Bohrung endgültig zu klären ist. Die magnetische und gravimetrische Anomalie über den Triasschichten im Nordwesten von Eisfeld lassen auf die Wirkung eines magnetischen Tiefenkörpers schließen, der mit einer magnetisch ermittelten Poltiefe von 1800 m im vorvaristischen Grundgebirge liegen und zur Erklärung des gravimetrischen Maximums aus einem dichten basischen Gestein bestehen müßte. Der negative Charakter der magnetischen Anomalie wäre in diesem Fall mit der Annahme einer inversen Magnetisierung erklärbar.

D. Opitz setzt seine Veröffentlichung über Probleme der reflexionsseismischen Geschwindigkeitsbestimmung durch den Aufsatz „Geometrische Auswertung der durchschnittlichen Geschwindigkeiten bei reflexionsseismischen Messungen mit ‚expanding spread'" fort. Der Beitrag behandelt die geometrische Lösung des bekannten Verfahrens von Bortfeld. Die geometrische Lösung lehnt an die bereits früher vom Verf. veröffentlichte Auswertemethode in t^2-x^2-Koordinaten an und hat gegenüber der rechnerischen Methode von Bortfeld den Vorteil größerer Übersichtlichkeit, besserer Kontrollmöglichkeit und erheblicher Zeitersparnis.

Mit der Hammerschlagseismik befassen sich Teupser und Olszak in einem gemeinsamen Aufsatz über ein vom Institut für Bodendynamik und Erdbebenforschung der Deutschen Akademie der Wissenschaften entwickeltes Gerät und seine erfolgreiche Anwendung über dem Granit von Otterwisch im Bereich des nordsächsischen Sattels. Zur Erkundung von oberflächennahen Bodenschichten wurde eine spezielle Apparatur entwickelt, bei der die seismischen Impulse durch wiederholte Hammerschläge erzeugt werden. Als Registrierinstrument dient ein Kathodenstrahloszillograph. Die Eindringtiefe des Gerätes beträgt 10 m. An einer weiteren Apparatur mit einer Eindringtiefe von 20 m bis 25 m wird gearbeitet. Die vorliegenden ersten Untersuchungen lassen bereits erkennen, daß der hammerschlagseismischen Methode ein weites Anwendungsgebiet in der Baugrunduntersuchung und in der geologischen Erkundung oberflächennaher Bereiche offensteht.

Ein Bericht über die Arbeit des Instituts für Geophysikalische Erkundung der Karl-Marx-Universität und einige Referate geophysikalischer Fachbücher schließen das Heft ab. Zeuch

Bujalow, N. I. & P. P. Sabarinskij

Aufsuchen und Erkundung von Erdöl- und Erdgaslagerstätten

Gostoptechisdat, Moskau 1960. — 450 S., 127 Abb.

Im ersten Teil des Buches werden die Grundlagen und Methoden des Aufsuchens und der Erkundung von Erdöl-

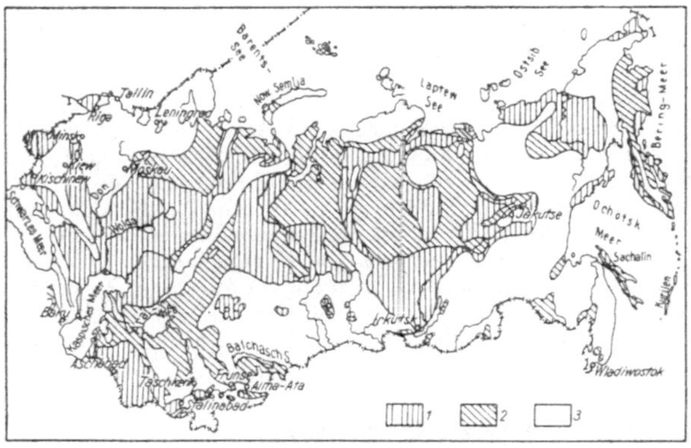

Schematische Karte der Erdöl- und Erdgasperspektiven in der UdSSR

1 – höffig, 2 – Höffigkeit ungeklärt, 3 – nicht höffig

und Gaslagerstätten behandelt und die wichtigsten Entwicklungsetappen dieses bedeutenden wissenschaftlichen Zweiges der Lagerstättenerkundung dargelegt. Der jetzige Stand der Suche und Erkundung von Lagerstätten in den wichtigsten erdöl- und gasführenden Territorien der UdSSR wird charakterisiert und eine kurze Übersicht über die Lage auf diesem Gebiet im Ausland gegeben. Die Verf. schildern dann die Methoden der allgemeingeologischen, der regionalgeologischen und der speziellen Objekterkundung, wie sie beim Aufsuchen von Erdöl- und Erdgaslagerstätten angewandt werden. Geologische Methoden der Vorerkundung, der Kartierung von Struktur-, Profil- und Basisbohrungen werden beschrieben. Des weiteren werden die Methoden der Bearbeitung der Erkundungsergebnisse und des gewonnenen Materials dargelegt.

Der zweite Teil des Buches enthält die Beschreibung der Erkundungsmethodik auf Erdöl- und Erdgaslagerstätten und deren Anwendung unter den verschiedenen geologisch-strukturellen Verhältnissen. Eine Einschätzung der Erkundungsergebnisse einzelner Lagerstätten sowie ganzer Lagerstättenbezirke wird gegeben.

Im dritten Teil werden die Methoden der Bohrlochmessung und der Aufstellung von Bohrlochprofilen, der geologischen Dokumentation der Bohrungen, der Untersuchung der Bohrkerne und der Erdöl- und der Erdgasspuren dargelegt sowie eine Methodik für die Berechnung industrieller und prognostischer Erdöl- und Erdgasvorräte geschildert.

Zur Vertiefung der in dem Buche dargelegten theoretischen Grundlagen und als Anleitung zur selbständigen Bearbeitung sind als Beilagen am Schluß des Werkes Beispiele der Projektierung von Such- und Erkundungsarbeiten aus der sowjetischen Such- und Erkundungspraxis auf Erdöl und Erdgas angeführt.

Das Buch ist als Lehrbuch für Studenten des Instituts für Erdölgeologie, der Lehrstühle für Erdölgeologie an den Universitäten und auch für das Fernstudium gedacht. Es ist für Geologen und Erkundungsfachleute zu empfehlen, die sich mit Such- und Erkundungsarbeiten auf Erdöl- und Erdgaslagerstätten beschäftigen. F. Hess

Mirtschink, M. F., B. K. Baba-Sade, A. A. Geodekjan & W. W. Denissewitsch

Die Verteilung der Erdöl- und Erdgasanhäufungen in der Südkaspisenke

„Nowosti Neftjanoj Techniki", Ser. Geol., H. 7, 1960, S. 37–45

Die Südkaspisenke stellt ein hydrodynamisches System dar, dessen kinetischer Wasserdruck in den umgrenzenden Gebirgen entsteht. Die industrielle Bedeutung der einzelnen Erdöl- und Erdgasakkumulationszonen ist verschieden. Gleichzeitig mit den Besonderheiten des tektonischen Aufbaus spielen auch die faziellen und biogeochemischen Bedingungen eine wesentliche Rolle.

Besonders aussichtsreich sind die Ablagerungen der produktiven roten Abfolge des Mittleren Pliozän. Nicht zu unterschätzen sind die Perspektiven der Apscheron – Aktschagylsker Strukturen. Auch die Miozän-Paläogen-Ablagerungen können höffig sein. Das Vorkommen von Erdöl und Erdgas in Kreideschichten wurde noch nicht untersucht.

Die Betrachtung der Erdöl- und Erdgasakkumulation in der Südkaspisenke gestattet die Bestimmung grundlegender Gesetzmäßigkeiten in der territorialen Verteilung der Erdöl- und Erdgasanhäufungszonen im regionalen Maßstab, was die industrielle Prospektion unterstützt. Münz

Hartley, F. L. & C. S. Brinegar

Oil Shale-Energy for the Future

V. Welterdölkongreß, New York 1959, Section II – Paper 4

Der Energieverbrauch erhöht sich pro Jahr um 3 bis 4% und verdoppelt sich somit nach 20–30 Jahren. Dies wird besonders in Nordamerika in absehbarer Zeit zu einer Versorgungslücke führen. Amerika hat aber besonders große Vorräte an bituminösen Schiefern in den Rocky Mountains und in Brasilien. Amerikanische Forscher entwickelten ein neues Verarbeitungsverfahren mit Retorten von 1200 t Leistung pro Tag.

Die Vorräte sind sehr groß. Allein die Green River-Formation in New Mexico und Colorado enthält, die Abbauverluste abgerechnet, 1,1 Billionen barrels (ca. 160 Milliard. t) Öl, also viel mehr, als die nachgewiesenen Erdölvorräte der gesamten Erde betragen. Ölschiefer sind die Hauptenergiereserven der Zukunft. Meinhold

Bagrinzewa, K. I. & Scherschukow, W. W.

Bedeutung der Gasführung des Nebengesteins bei der natürlichen Entgasung von Kohlenflözen

„Ugol", H. 4, 1960, S. 36–38

Die Durchlässigkeit der Kohle ist bedeutend besser als die des Nebengesteins. Bei Schieferton und Tonschiefer ist die Gasdurchlässigkeit sehr gering, sie liegt bei 0,05–0,1 mDarcy. Bei Sandstein kann sie je nach dem Porenvolumen bis zu 770 mDarcy ansteigen. Der Gasgehalt des Nebengesteins ist direkt proportional seiner Durchlässigkeit. Die Bedeutung der von den Verfassern durchgeführten Untersuchungen zeigt sich besonders bei weniger stark metamorph beanspruchtem Gebirge mit verhältnismäßig einfacher Tektonik. L.

Special Report: Exploration

„Petroleum Week", Vol. 10 (1960), Nr. 16, S. 40–60

In den nächsten Jahren ist ein neuer Aufschwung der Erdölerkundung zu erwarten. Daher ist eine Erweiterung der Grundlagenforschung nötig, besonders eine Entwicklung von direkten Methoden der Erdölerkundung. Drei Forschergruppen beschäftigen sich mit elektrischen Oberflächenmethoden zum direkten Aufsuchen von Öl, andere verbessern die geochemischen Erkundungsmethoden. Hydrodynamische Probleme müssen gelöst werden. Allein 100 elektronische Rechenmaschinen hat man für die Erkundungs- und Förderprobleme in der Erdölindustrie eingesetzt. Besonders die Maschinen für die Auswertung seismischer Messungen und der Bohrlochmessungen werden mehr und mehr benutzt, da das Untersuchungsmaterial sonst nicht mehr zu bewältigen ist. Versuche, die Bohrlochmessungen direkt auf Magnetband aufzunehmen, führt man ebenfalls durch. Die augenblicklich verwendeten automatischen Rechenverfahren arbeiten mit Lochkarten.

Die Refraktionsseismik wird wieder stärker angewendet werden, einmal zur Übersichtserkundung, zweitens in Gebieten, in denen man nur ungenügende Reflexionen erhält. Auch die Fallgewichts- und die Vibroseis-Methode tritt wieder in den Vordergrund. Für Gebrauch auf See sind mehrere Geräte nach Art des Sparker konstruiert worden, die besonders auf den Wasserwegen des landweglosen Nordens eingesetzt werden sollen. Kleine tragbare hochfrequenzseismographische Stationen mit tragbarem Bohrgerät sowie ein neues Hammerschlaggerät wurden entwickelt. Geophysikalische Vermessungen aus der Luft sind durch ein Schwerkraftgradiometer ergänzt worden. Spezielle Farbfilme und neue Weitwinkelkameras verbessern die Möglichkeiten der Fotogeologie. Bei den Bohrlochmessungen steht das Interesse am Akustiklog im Vordergrund. Ein neues Bohrlochmeßgerät mit Kernresonanzmagnetometer ist entwickelt worden. Die neukonstruierten Geräte, das Chlorinilog und das Salinity-Log beruhen auf der Aktivierungsanalyse. Die geochemische Erkundung wird verstärkt und elektrische Oberflächenerkundung wieder angewendet. Für die Entfernungsmessung in der Refraktionsseismik ist das Tellurometer, ein Radargerät, im Gebrauch. Meinhold

STROZKI, W. N. & R. S. TSCHELOKJAN

Methodik zur genauen Bestimmung der Teufe bei Perforationen geringmächtiger Schichten

„Nowosti Neftjanoj Techniki, Geol.", H. 5, 1960, S. 25—28

Verf. weisen darauf hin, daß die z. Z. angewendete Methodik der Bestimmung der Teufe des Perforators durch Markensetzen auf Grund von elektrischen oder radioaktiven Bohrlochmessungen eine große Fehlerquelle in sich birgt, die das Perforieren geringmächtiger Schichten nicht mehr berechtigt. Dadurch, daß die Bohrlochmessung bei einem bewegten Kabel und die Perforation bei einem unbewegten Kabel durchgeführt wird, können sich in Teufen von 3000 m Teufendifferenzen von 3—4 m ergeben. Von den Mitarbeitern des Laboratoriums der WNII Geophysika in Grosny wurde 1956 eine neue Methode vorgeschlagen, die inzwischen mit Erfolg angewendet wurde. Nach dieser Methode wird eine radioaktive Bohrlochmessung gleichzeitig mit dem Registrieren der Muffen der Verrohrung durchgeführt. Bei der Teufenbestimmung des zu testenden Horizonts bezieht man sich auf die nächstliegende Muffe. Nachdem diese auf Grund der üblichen Teufenbestimmung durch Marken beim Einfahren mit dem Perforator wiedergefunden wurde, wird der Perforator auf den entsprechenden Abstand zur Muffe gebracht. Zum Registrieren und Wiederfinden der Muffen beim Einfahren mit dem Perforator dient ein für diese Zwecke entwickelter Magnetlokator, der einmal mit der Gammasonde und zum anderen mit dem Perforator gekoppelt ist. Dieser Lokator reagiert auf Veränderungen des magnetischen Widerstandes des umgebenden Mittels. Gerade im Bereich der Muffen ändert sich der magnetische Widerstand, und im Lokator wird ein Strom induziert, den man an der Oberfläche registriert. Die Signale der Gammasonde und des Lokators, die über ein einadriges Kabel übertragen und getrennt verstärkt werden, werden auf einem Film aufgezeichnet. Die Erfahrung hat gezeigt, daß bei Anwendung dieser Methode der Fehler in beliebigen Teufen $\pm$ 2 cm nicht übersteigt.

F. WEGERT

BRIX, F.

Chemische und physikalische Hilfsmittel zur stratigraphischen Gliederung fossilarmer Schichten mit Beispielen aus der Molassezone bei Tulln

„Erdölzeitschrift", Bd. 76 (1960), S. 249—265

Die vorliegende Arbeit bringt eine Übersicht über elektrische und radiometrische Bohrlochmessungen, Kornanalyse, Schwermineralanalyse, DTA und einige geochemische Verfahren. Besonders wird auch die Kalibermessung als Hilfsmittel erwähnt und große Hoffnungen auf ein neues Verfahren zur Ausnutzung des Kernspins gesetzt. Von den radiometrischen Verfahren wird die Gammaspektroskopie hervorgehoben, da sie in der Lage ist, Aussagen über die mineralische Zusammensetzung der Gesteine zu machen. Auch Bohrlochabweichungsmessungen lassen sich stratigraphisch auswerten, weil Gesteinsänderungen Knicke der Bohrung verursachen. Stark ausgebaut wurde die DTA, besonders auch zur Bitumenbestimmung nach MARESCH. Ausführlich behandelt werden die Schwermineralanalysen. Die gefundenen Mikrofossilien sind in einer Tabelle zusammengefaßt. Von den geochemischen Verfahren werden Karbonatbestimmung und Mangangehalt verwendet.

MEINHOLD

BERGMANN, A.

Die Flotation von Brauneisenerzschlämmen

„Bergbauwissenschaften", 1960, S. 343—351

Es war bisher nicht möglich, Brauneisenerze durch Flotation aufzubereiten. Für die Anreicherung der gröberen Kornklassen über 60 µ bzw. über 30 µ werden mit Erfolg Schwertrübeverfahren oder Magnetscheider angesetzt. Da aber gerade bei Brauneisenerzen auf Grund ihrer sedimentären Entstehung häufig beträchtliche Mengen an primären und sekundären Schlämmen unter 60 bzw. 30 µ anfallen, ist die Verwertung dieser Schlämme erstrebenswert; da sie im Durchschnitt etwa 20 bis 25% Fe enthalten, kann bei einer Anreicherung der Eisenmineralien der Bedarf an Berge-Schlammteichen um etwa die Hälfte gesenkt werden. Es konnte festgestellt werden, daß sich die bei den Versuchen benutzten Erze im wesentlichen durch den Tongehalt und den Kristallaufbau des Limonits unterscheiden, so daß anzunehmen ist, daß diese beiden Einflußgrößen für die Höhe der optimalen Feldstärke entscheidend sind. Aufbauend auf diesen Ergebnissen, konnten sowohl nur Quarz enthaltende als auch kalkig-kieselige Brauneisenerzschlämme mit Erfolg im elektrischen Feld flotiert werden. Die bei der Flotation erzielten Ergebnisse entsprechen in Gehalt und Ausbringen auch für feinstkörnige Schlämme den in der Magnetscheidung in den gröberen Kornklassen erreichbaren Werten, so daß für die Praxis damit die Möglichkeit gegeben ist, auch die Schlämme unter 60 bzw. 30 µ, die bisher ungenutzt bleiben mußten, zu verwerten.

E.

SCHOELLER, H.

Hydrologie des Régions Arides Progrès Récents

UNESCO, Paris 1959. — 126 S., 29 Abb.

Die stürmische Entwicklung der Hydrogeologie der ariden Zonen in den 50er Jahren und die praktischen Anforderungen an die Hydrogeologie veranlaßten die UNESCO, eine umfassende und kritische Darstellung der hydrologischen und hydrogeologischen Methoden und Erkenntnisse zu geben.

Im 1. Kapitel wird die Grundwasserneubildung sowohl nach hydrologischen als auch nach geologischen Gesichtspunkten behandelt.

Das 2. Kapitel ist der Nutzung der Grundwasservorkommen gewidmet. Besonders wertvoll erscheinen die Abschnitte über die zweckmäßige Anordnung von Brunnen und das Verhalten des Fassungsvermögens bei wechselndem Grundwasserdargebot (Beispiele sind angegeben).

Im folgenden Kapitel werden die graphischen und analytischen Verfahren zur Bestimmung der Durchlässigkeit erläutert.

Den hydrochemischen Vorgängen ist das 4. Kapitel gewidmet. Abschließend werden im 5. Kapitel die Möglichkeiten zur Erfassung der Zirkulationsvorgänge der Grundwässer bei der Verwendung der durch die geologischen Verhältnisse bedingten Veränderungen des Chemismus und auf Grund künstlich eingebrachter Spuren (Farb- und Isotopenversuche) gezeigt.

Alles in allem eine so gründliche Zusammenfassung moderner hydrologischer und hydrogeologischer Methoden, daß die Publikation auch dem in anderen Klimazonen arbeitenden Hydrogeologen wertvolle Anregungen gibt.

MEINERT

NÄSER, R.

Die neue Autobahn Berlin — Rostock, Probleme der Planung und Projektierung

„Bauplanung-Bautechnik", Beilage „Straßentechnik", Jg. 14 (1960) H. 11, S. 117—122

Im Jahre 1963 wird mit dem Bau der Autobahn Berlin—Rostock begonnen. Durch diese wichtige Verkehrsmagistrale wird der mecklenburgische Raum an das mitteldeutsche Straßennetz angeschlossen.

Verkehrsplanerische Untersuchungen ergaben drei Hauptvarianten, von denen als günstigste die Variante B mit den Zwangspunkten Berlin—Malchow—Rostock erscheint. Zur Anfertigung des erforderlichen Kartenmaterials wurde eine Luftvermessung durchgeführt. Durch die Mitarbeit von Landschaftsarchitekten wird dem Zusammenhang zwischen Bauwerk und Natur große Aufmerksamkeit gewidmet. Auch die vorhandene Bebauung und besonders die geologischen Verhältnisse entlang der Trasse müssen bei der Projektierung Berücksichtigung finden.

Dem Straßenwesen ist damit erstmalig seit 1945 eine im Republikmaßstab wichtige Schwerpunktaufgabe gestellt worden. Für die Trassierung von Autobahnen sind in der DDR z. Z. nur ältere Vorschriften vorhanden. Es ist aber erforderlich, neben neu zu schaffenden Richtlinien auch die neuesten internationalen Erkenntnisse des Autobahnbaus hinsichtlich der Linienführung, des Untergrundes, des Unterbaus (hier besonders Probleme der Frostgefährlichkeit, Bodenverfestigung usw.) und der damit im Zusammenhang stehenden Fragen des Deckenbaus auszuwerten.

Anmerkung:

Auch die Staatliche Geologische Kommission (insbesondere die Geologischen Dienste Mitte und Schwerin, das Erdbaulaboratorium sowie die zentrale Arbeitsgruppe Ingenieurgeologie) muß an der Lösung dieser Aufgabe mitwirken. Die Arbeitsgebiete Steine und Erden sowie Ingenieurgeologie werden durch die Erkundung von geeigneten Baumaterialien und die eingehende Beurteilung der Untergrundverhältnisse für die weitere Planung wichtige Hinweise geben. BACHMANN

SIEDEK, P. & R. VOSS

Die Bodenprüfverfahren bei Straßenbauten

2. unveränderte Auflage, Werner Verlag GmbH, Düsseldorf 1960. — 120 S., 19 Abb., 11 Tab., 12 Anl.; DM 8,50

Erhöhte Verkehrsdichte und erhöhte Verkehrslasten erfordern heute die Mitarbeit wissenschaftlicher Institutionen zumindest beim Bau wichtiger Straßen (Autobahnen, Fernstraßen usw.). Bei der Festlegung der Trasse werden neben dem Untergrund bereits vorhandene Baustoffe für den Unterbau zweckmäßig mit untersucht, um eine möglichst tragfähige und haltbare Fahrbahndecke zu erhalten.

Dies neue Büchlein der auf dem Gebiet des Straßenbaus bekannten Autoren enthält in klarer Aufgliederung alle für die Beurteilung des Untergrundes sowie der Straßenbaustoffe notwendigen Untersuchungsmethoden im Laboratorium und im Gelände unter Berücksichtigung der wissenschaftlichen und praktischen Erkenntnisse der letzten Jahre.

Vorbedingung für eine hochwertige Straßendecke ist eine möglichst hohe Lagerungsdichte des Straßenunterbaus, insbesondere der Tragschicht. Die heute anerkannten Feldprüfverfahren zur Bestimmung der nach der Verdichtung erreichten Lagerungsdichte werden recht ausführlich behandelt, so daß auch kleinere Feldprüfstellen zumindest die einfacheren Überprüfungen selbst durchführen können. Das Buch wird sicherlich dankbare Leser finden und kann sowohl den im Laboratorium tätigen Fachkräften und Laboranten als auch den Straßenbauern und den Projektanten wertvolle Unterstützung bieten.

Am Schluß des Buches befindet sich eine ausführliche Geräteliste mit Preisangaben, die für die Einrichtung von stationären und Feldlaboratorien benötigt werden. Die Anlagen 1 bis 12 sind geeignete und erprobte Formblätter für die Auswertung der einzelnen Versuche, die auch vom Verlag direkt bezogen werden können. R. KÖHLER

GÉCZY, G.

Ein neues Klassifikationssystem der landwirtschaftlichen Bodennutzung

,,Agrokémia és Talajtan", Jg. 9 (1960), Nr. 3, S. 405—416

1958 wurde ein neues landwirtschaftliches Klassifikationssystem der Bodennutzung ausgearbeitet, das im wesentlichen auf der Grundlage von drei Pflanzenkulturen aufgebaut ist, aber außer den Ackerkulturen auch die Klassifikation der unter anderer landwirtschaftlicher Nutzung stehenden Gebiete umfaßt. Als Basis der Bodennutzungklassifikation wird für jede Gemeinde die Landwirtschaftlich-bodenkundliche Bodenkarte im Maßstab 1 : 25000 ausgearbeitet. Aus der Bodenkarte kann für jede Gemeinde die Ausdehnung der einzelnen Klassengebiete durch Messung bestimmt werden. E.

Vorträge des XI. Berg- und Hüttenmännischen Tages, 21. bis 23. Mai 1959 in Freiberg

Freib. Forsch.-H., C 79, Lagerstättenkunde, Akademie-Verlag, Berlin, 1960. — 20,— DM

In diesem Forschungsheft sind 13 Beiträge zusammengefaßt. H. BORCHERT berichtet über ,,Geosynklinale Lagerstätten, was dazu gehört und was nicht dazu gehört, sowie deren Beziehungen zu Geotektonik und Magmatismus". Es werden in diesem Aufsatz, in dessen Literaturverzeichnis 273 Werke angegeben sind, Herkunft und Ursprung von juvenil-basaltischem Magma und palingen-granitischem Material, geosynklinale Lagerstätten im Verband von initialem ophiolitischem Magmatismus, intrakrustal gebildeten Lagerstätten und deren Beziehungen zu sedimentären Vorkommen, Lagerstätten in Verknüpfung mit sialisch-palingenem Magmatismus, großtektonische Zusammenhänge des simisch-juvenilen und des sialisch-palingenen Magmatismus besprochen. Palingenese wird der Ultrametamorphose gleichgesetzt. Nach dem Autor sollte man die Lagerstätten nicht nach geosynklinalen und nichtgeosynklinalen Typen einteilen. ,,Richtiger scheint es, die Haupteinteilung stofflich zu gliedern nach Lagerstätten in Verknüpfung mit juvenil-basaltischem Magmatismus einerseits und mit sialisch-palingenem Magmatismus andererseits. Das führt zurück auf die schon seit Jahrzehnten aktuelle und umstrittene Frage nach ‚Granit' und ‚Basalt'. Heute zeichnen sich schon etliche Möglichkeiten ab, mehr oder weniger einseitig gestützte Hypothesen in zwingende Schlußketten zu verwandeln."

W. I. SMIRNOW berichtet ,,Über die möglichen exhalativ-sedimentären Kiesvorkommen in der Sowjetunion", E. SZÁDECZKY-KARDOSS ,,Zur Verteilung der Elemente in den sedimentären und magmatischen Sulfiderzen", B. ALEKSIEV über ,,Sedimentäre Manganerze des Oligozäns bei Varna (Bulgarien)", J. MIKCEVA-STEFANOVA ,,Zur Entstehung der Blei-Zink-Lagerstätte Sedmo čislenici im Westbalkan", F. EKIERT über ,,Neue Anschauungen über die Herkunft des in den Sedimenten des unteren Zechsteins auftretenden Kupfers". EKIERT kommt zu dem Schluß, ,,daß sich zahlreiche Lagerstätten, die als klassische sedimentäre Lagerstätten gelten, im Lichte eingehender Untersuchungen als Lagerstätten hydrothermaler Herkunft herausstellten. Ihre Metallquelle waren die in das Sedimentationsbecken gelangten hydrothermalen Lösungen."

Von weiteren Beiträgen des Heftes seien noch erwähnt: C. DIMITROV: ,,Magmatismus und Erzbildung im Erzgebiet von Panagjurište", G. PANTÓ: ,,Wege und Umwege der Erforschung eines erzführenden Vulkangebietes (Börzsöny-Gebirge, Ungarn)", W. I. LEBEDEW: ,,Über die Gesetzmäßigkeiten der Isomorphiebeziehungen in Mineralien magmatischer Genese" und G. ATANASOV: ,,Eisenerzführender Jura in Bulgarien". E.

Neuerscheinungen und Literaturhinweise

SAMSULA, J.
Arbeiten des Erdölinstituts Brno, Bd. XIII
Brno 1959 (tschech.)

Autorenkollektiv
Arbeiten des Erdölinstituts Brno, Bd. XIV
Prag 1959 (tschech.)

Autorenkollektiv
Querschnitt durch die Geologie Polens
Sammelmappe, Warschau 1959 (polnisch)

Autorenkollektiv
Fragen der Ausbeutung und Gewinnung von Erdöl in der Ukrainischen SSR
Moskau 1959. — 283 S. (russisch)

KROTOWA, W. A.
Hydrogeologische Kriterien der Erdölförderung
Gostoptechisdat, Leningrad 1960. — 161 S. (russisch)

DINZESA, A. I.
Technologische Grundlagen der erdölchemischen Synthese
Moskau 1960. — 852 S. (russisch)

LEOPOLD, G.
Lagerstättenkundliche Studie über Magnesit in den Ostalpen
Z. dtsch. geol. Ges., Bd. 112 (1960), Nr. 1, S. 183—187

Autorenkollektiv
Angewandte Geophysik
Sammlung von Arbeiten des Wissenschaftlichen Forschungsinstituts für geophysikalische Erkundungsmethoden
Gostoptechisdat, Moskau 1960. — 240 S. (russisch)

OSTROSKI, A. P.
Fortschritte bei der Gesteinszerstörung beim Niederbringen von Tiefbohrungen
Gostoptechisdat, Moskau 1960. — 192 S. (russisch)

SULAKSCHIN, S. S.
Krümmung von Bohrlöchern und Verfahren ihrer Messung
Gosgeoltechisdat, Moskau 1960. — 216 S. (russisch)

Autorenkollektiv
Prognose der Setzungen von Wasserbauten auf bindigem Untergrund
Gosstroiisdat, 1961. — 192 S. (russisch)

Nachrichten und Informationen

Ernennungen

Dem langjährigen Chefgeologen beim Geologischen Dienst Schwerin, Dr. OTTO GEHL, wurde am 1. Februar 1961 auf Antrag des Leiters der Staatlichen Geologischen Kommission vom Staatssekretär für das Hoch- und Fachschulwesen der Titel Professor verliehen.

Professor GEHL wurde 1902 in Kiel geboren. Im Jahre 1928 promovierte er an der Universität seiner Heimatstadt. Seit 1948 hat er in der damals neu geschaffenen Außenstelle Rostock und später im Geologischen Dienst Schwerin großen Anteil an der Entwicklung der geologischen Kartierungsarbeit und der Lagerstättenerkundung in Mecklenburg. Besondere Verdienste erwarb er sich auf dem Gebiet der Stratigraphie und Paläogeographie des Quartärs und Tertiärs. Darüber hinaus hält Professor GEHL seit 1953 Vorlesungen und Übungen am Geologisch-Paläontologischen Institut der Universität Rostock ab und ist auch in seiner verantwortlichen Tätigkeit beim Geologischen Dienst Schwerin bemüht, die jungen Geologen in die Praxis einzuführen.

*

Dozent Dr. habil. HANS JÜRGEN RÖSLER wurde am 1. Januar 1961 vom Staatssekretär für das Hoch- und Fachschulwesen zum Professor mit Lehrauftrag für Mineralogie an der Bergakademie Freiberg ernannt.

Professor RÖSLER, der im Jahre 1920 geboren wurde, studierte nach dem zweiten Weltkrieg an der Martin-Luther-Universität Halle—Wittenberg und an der Bergakademie Freiberg Mineralogie. 1951 legte er in Freiberg seine Diplomprüfung ab. Drei Jahre später promovierte er dort mit der Arbeit „Geochemische Untersuchungen an paläozoischen und känozoischen Kohlen Mittel- und Ostdeutschlands“. Auch in seiner Habilitation beschäftigte er sich mit einem geochemisch-petrologisch-lagerstättenkundlichen Thema. Seit 1959 gehört Professor RÖSLER dem Vorstand der Geologischen Gesellschaft in der Deutschen Demokratischen Republik an. Hier leitet er den Fachverband Mineralogie seit seiner Gründung im Jahre 1960.

*

Der Staatssekretär für das Hoch- und Fachschulwesen hat Dozent Dr. WERNER SCHWAN mit Wirkung vom 1. Oktober 1960 zum Professor mit Lehrauftrag für das Fachgebiet Geologie an der Mathematisch-Naturwissenschaftlichen Fakultät der Humboldt-Universität Berlin ernannt.

Der jetzt 44jährige Professor schloß sein durch den zweiten Weltkrieg unterbrochenes Geologiestudium 1948 mit einer Dissertation über die Acker-Bruchberg-Schichten des Harzes an der Humboldt-Universität ab. Von seinen akademischen Lehrern verdankte er besonders HANS STILLE nachhaltige Eindrücke, die seine Arbeitsrichtung und wissenschaftliche Laufbahn beeinflußt haben. Seine Arbeiten im deutschen Varistikum wurden in der Folgezeit durch tektonische Studien im Balkan-Gebirge und in den Alpen ergänzt. Nach seiner Habilitation 1954 („Die Frankenwälder Querzone“) hat Professor SCHWAN als Dozent am Geologisch-Paläontologischen Institut der Humboldt-Universität zahlreiche Diplomarbeiten betreut. Seit dem Ableben von Professor VON BUBNOFF führt Professor SCHWAN die Geschäfte des Geotektonischen Instituts der Deutschen Akademie der Wissenschaften zu Berlin.

Erfolge polnischer Erkundungsarbeiten

Auf einer Mitte vorigen Jahres stattgefundenen Tagung der führenden Gremien von Partei und Regierung mit den Mitgliedern der polnischen Akademie der Wissenschaften erklärte Ministerpräsident WLADYSLAW GOMULKA:

„Die Erfolge der geologischen Forschungen in Volkspolen haben die Ansicht über die Vorräte an natürlichen Reichtümern in unserem Lande gründlich gewandelt. Es hat sich herausgestellt, daß wir außer über Kohle auch über große Schwefelvorkommen und reiche Kupfererzlagerstätten verfügen“ („Glos Pracy“, Warszawa, 6. 6. 1960).

Im neuen polnischen Fünfjahrplan (1961—1965) nehmen unter den Neubauten der NE-Metallurgie das Aluminiumwerk in Konin (Produktionsbeginn 1964, 100000 jato Aluminium), das Zink-Blei-Kombinat in der Wojewodschaft Katowice (Produktionsbeginn 1964) und die Kupferverhüttung in der Wojewodschaft Wrocław einen hervorragenden Platz ein. Gegenwärtig erreicht die Kupfererzförderung etwa $1^1/_2$ Mill. t. Die Produktionskapazität der Mitte 1959 in Betrieb genommenen Kupferhütte bei Legnica soll von 10000 auf 50000 jato erhöht werden. Sie wird allein die Förderung der Lagerstätten in Głogow nicht bewältigen können, so daß sich der Bau einer zweiten Kupferhütte als notwendig erweisen wird. E.

Auswertung albanischer Lagerstätten

In der in Tirana erscheinenden „Nowaja Albanija“ (Nr. 3/1960) erschien ein Interview des Ministers für Bergbau und Geologie, ADIL ÇARÇANI. Danach haben die geologischen Erkundungsarbeiten in Albanien ein großes Ausmaß angenommen. Auf den Ölfeldern von Patos werden neue reiche Ölsonden in Produktion genommen. 1957 wurde bei Marinza ein neues Ölfeld entdeckt. Die Chromerzförderung wurde auf der Grube Bulkiza stark erhöht, mit dem Abbau wurde bei Kamo und Kalimash begonnen. Neue Lagerstätten werden bei Martaneshi und Kukös erkundet. Vor kurzem wurde auf der Kupfererzgrube Kurbnesh mit der Förderung begonnen, nach neuen Kupferlagerstätten wird bei Spaç geschürft. In den letzten Jahren begann der Bergbau auf den Nickelerzvorkommen von Pishkashi Çervenaki und in Prenjas. Die neuen Nickellagerstätten von Pogradec und Xhumage-Polosi werden für den Abbau vorgerichtet.

Im Jahre 1957 wurden in Albanien pro Kopf der Bevölkerung 114 kg Chrom, 335 kg Erdöl und 116 kg Steinkohle gewonnen. In Italien waren es zur gleichen Zeit nur 26 kg Erdöl und 8 kg Steinkohle; in der Türkei 28 kg Chrom, 12 kg Erdöl und 102 kg Steinkohle, in Jugoslawien 7 kg Chrom und 22 kg Erdöl und in Griechenland 7 kg Chrom und 125 kg Steinkohle.

Durch die ständig wachsende Förderung haben sich die Ausfuhrmöglichkeiten vergrößert. Gegenwärtig exportiert Albanien Chrom, Erdöl, Kupfer, Bitumen und noch andere mineralische Rohstoffe in fast alle sozialistische Länder sowie in mehrere andere Staaten.

Mineralische Rohstoffe bilden gegenwärtig die Grundlage des albanischen Exports; ihr Anteil betrug in den Jahren 1957 bis 1959 etwa 58 bis 59 Prozent des Gesamtexports. E.

Fazies und Metamorphosestadien organisch-anorganischer Gesteine

<table>
<tr><th colspan="2">Torfstadium</th><th>Braunkohlenstadium</th><th>Steinkohlenstadium</th><th>Anthrazitstadium</th><th>Graphitstadium</th></tr>
<tr><td rowspan="2">Sandige Fazies</td><td rowspan="2">Moorerde, Sumpfdy, Sandgyttja u. a.</td><td>heller, humoser Sand</td><td colspan="2" rowspan="2">Sandstein mit kohligem Detritus</td><td rowspan="2">Graphitquarzit</td></tr>
<tr><td>dunkler, humoser Sand</td></tr>
<tr><td rowspan="2">Tonig-humose Fazies</td><td rowspan="2">Lehmmudde, Tonmudde, Marschglei, Litoralgyttja u. a.</td><td>heller, humoser Ton</td><td rowspan="2">Brandschiefer bis Schieferton</td><td rowspan="3">Brandschiefer bis Tonschiefer</td><td rowspan="3">Graphitgneis (bzw. Graphitphyllit und Graphitglimmerschiefer)</td></tr>
<tr><td>dunkler, humoser Ton</td></tr>
<tr><td>Tonig-bituminöse Fazies</td><td>Planktongyttja, Algengyttja, Sapropel u. a.</td><td>bituminöser Ton</td><td>bituminöser Schiefer</td></tr>
<tr><td>Kalkig-bituminöse Fazies</td><td>Muddekalk, Wiesenmergel, Seekreide u. a.</td><td>bituminöse Mergel und Kalke</td><td>bituminöse Steinmergel und Kalke</td><td>Steinmergel und Kalksteine mit kohligem Detritus</td><td>graphithaltiger Marmor</td></tr>
</table>

Nach H. JACOB. Über bituminöse Schiefer, humose Tone, Brandschiefer und ähnliche Gesteine. Ein Beitrag zur Frage der Erdölgenesis aus kohlenpetrologischer Sicht in „Erdöl und Kohle, Erdgas, Petrochemie“, Jg. 14, S. 4 (1961)

Neues Mineralvorkommen in der VAR (Ägypten)

Nach Informationen der Abteilung Bergbau im Industrieministerium der VAR wurden in der letzten Zeit im ägyptischen Teil der Republik zahlreiche neue Mineralvorkommen entdeckt. Bei Ghalka, in der östlichen Wüste Ägyptens, fand man Lagerstätten von für die Aluminiumgewinnung geeigneten Mineralvorkommen. In der Nachbarschaft der Oasenkette im westlichen Teil des Landes wurde eine neue Phosphatlagerstätte gefunden, deren Vorräte auf über 100 Mill. t geschätzt werden. Proben zur Analyse dieser Vorkommen wurden in die UdSSR geschickt. Eisenerzlager in einer Teufe von 900 m wurden im Wadi Kerim erbohrt, während in der Umgebung von Abu Suweil nach Kupfer- und Nickelerzen gesucht wird. In der westlichen Wüste Ägyptens soll man darüber hinaus auf Graphitlager gestoßen sein. HE.

Erdöl/Erdgas

Erdöl im Paläozoikum

Nach „Geologický průzkum", Nr. 8, 1959, S. 252, wurden bei Kaliningrad im Paläozoikum in einer Teufe von 2400 m Erdölspuren angetroffen. Vor dem zweiten Weltkrieg waren durch die Tiefbohrung Leba im Silur bereits Erdölspuren aufgetreten, allerdings nur in kleinen Mengen. E.

Erdgas im Kongo

Unter dem Kivusee (etwa 20 km südlich des Äquators und 29° östlicher Länge) wurde ein Erdgasvorrat von angeblich 300 Mrd. m³ festgestellt (vgl. „Erdöl und Kohle", 1960, S. 808). Das Rohgas enthält 20% Methan und viel Kohlensäure. Es wird daran gedacht, 1—1,5 Mrd. m³/Jahr Methangas zu erzeugen, das zu Heizzwecken benutzt und für die Weiterverarbeitung auf Düngemittel und andere petrochemische Produkte verwendet werden soll. E.

Erdgas in Argentinien

Seit der 1945 durchgeführten Nationalisierung der Gasindustrie wurde in Argentinien das Kohlengas mehr und mehr durch Erdgas ersetzt. Die Zahl der häuslichen und industriellen Gasverbraucher wuchs von 240000 auf 1080000. Die bedeutendste Erdgasfernleitung hat eine Länge von 1600 km. Sie war ursprünglich gelegt worden, um die Gasfelder von Comodoro Rivadavia mit der Hauptstadt zu verbinden. Nach ihrer Inbetriebnahme sank jedoch der Druck am Gasfeld ab, und die Leitung mußte um weitere 96 km bis zum Gasfeld Canadon Seco verlängert werden. Außerdem mußte vom Gasfeld von Plaza Huincul eine Zweigleitung nach General Conesa an der Hauptlinie gelegt werden, und 50% des Buenos Aires vom Süden her erreichenden Erdgases fließt nunmehr durch diese Zweigleitung. Im Bau befindet sich eine neue 1700 km lange 24-Zoll-Gasleitung von Campo Duran in der Saltaprovinz in Nordargentinien nach Buenos Aires. 71% des Gases werden Buenos Aires erreichen, 3% werden von den Pumpstationen verbraucht, und der Rest wird nach 16 verschiedenen Verteilungszentren gesandt werden. Der Erdgastransport durch diese Leitung soll die Brennstoffsituation in Nord- und Mittelargentinien weitgehend verbessern. Ha.

Sonstiges

Sowjetische Wissenschaftler schaffen einen Antarktis-Atlas

Auf Beschluß des Präsidiums der Akademie der Wissenschaften der UdSSR wird der erste Atlas über die Antarktis hergestellt. Der Atlas soll sich in einen ersten Band mit dem karthographischen Material und den im zweiten Band enthaltenen Textteil gliedern und 1964 abgeschlossen sein. Der Atlas enthält neben den wertvollen Erfahrungen russischer und sowjetischer Antarktisforscher auch all das Forschungsmaterial, daß die Expeditionen vieler Länder seit der Entdeckung dieses Erdteiles gesammelt haben.

Der Atlas wird rund 250 Karten und Skizzen aus allen Gebieten der Antarktisforschung enthalten, so Karten über die klimatologische Gliederung der Antarktis, über die Luftdruckverteilung während des Jahres und im Jahresdurchschnitt, Karten der durchschnittlichen Lufttemperatur, Niederschlagskarten usw. HE.

Anteil der Kohlenreviere an der sowjetischen Gesamtförderung

	1940 in Mill. t	1950 in Mill. t	1958 in Mill. t	1965 in Mill. t
UdSSR insgesamt	165,9	261,1	495,8	612
Donezbecken	94,3	94,6	181,7	225,4
Moskauer Becken	10,1	30,9	47,2	35,8
Petschorabecken	0,3	8,7	16,8	19,0
Kusnezkbecken	2,5	38,5	75,3	103,0
Karaganda	6,3	16,4	24,4	38,6
Ostsibirien	9,2	17,5	36,0	54,9

Nach: Wege der Entwicklung in der Wärmeindustrie des östlichen Sibiriens, Gosgortechisdat 1960. — Wärmeenergie-Wirtschaft in der UdSSR 1959 bis 1965, Gosplanizdat 1959. E.

Bulgarisches Kombinat für Kupfererzaufbereitung

Eines der größten Kupfererz-Aufbereitungskombinate Europas entsteht gegenwärtig im Sredna-Gora-Gebirge in Mittelbulgarien. Geologen hatten in der Nähe des Ortes Medet über 200 Mill. t dicht unter der Erdoberfläche lagernde Kupfererze entdeckt. Die Projekte für die verschiedenen Betriebe des Kombinats wurden gemeinsam von bulgarischen, sowjetischen und tschechoslowakischen Fachleuten ausgearbeitet.

Nach Fertigstellung werden in diesem Kombinat eineinhalbmal mehr Erze als in allen anderen bulgarischen Buntmetallbetrieben zusammen erzeugt.

Der Beginn der Erzförderung ist für 1963 vorgesehen (jährlich rund 4 Mill. t). Ab 1966 sollen jährlich 8 Mill. t Erz gefördert werden. E.

Kraftwerk Stalingrad

Das Wasserkraftwerk Stalingrad mit 2,5 Mill. kW Leistung hat Anfang Dezember 1960 den vollen Betrieb aufgenommen. Sein Strom, der bisher billigste der UdSSR, fließt nach Moskau, Swerdlowsk, Rostow (Don) und Woronesh. Das Wolga-Kama-Kraftwerksystem, dessen sieben Werke jetzt eine Leistung von 6 Mill. kW aufweisen, wird nach Vollendung der in Bau befindlichen Kraftwerke bei Saratow und Wotkin fast 9 Mill. kW erreichen. E.

Gerät zur Bestimmung der Streich- und Fallwerte der Schichten im Bohrloch

Der Konstrukteur dieses Gerätes — JIRI NECHVILE, Prag — ging davon aus, daß sich einzelne Gesteine auf Grund ihrer elektrischen Eigenschaften — z. B. des elektrischen Widerstandes oder der elektrochemischen, selbständig entstehenden Potentiale — unterscheiden lassen. Diese Tatsache wird schon seit Jahrzehnten bei der elektrischen Untersuchung von Tiefbohrlöchern ausgenutzt. Dabei kann nicht nur ein geologisches Profil längs des Bohrlochs, sondern auch die Schichtenneigung zur Bohrlochachse festgestellt werden. Man verwendet dazu eine Meßsonde mit drei Elektroden, die in einer zur Bohrlochachse senkrechten Ebene um diese Achse regelmäßig angeordnet sind und gegen die Wand der Bohrung angedrückt werden. Diese dreipolige Elektrodenanordnung wird in Richtung der Bohrung bewegt. An drei über Tage aufgestellten Registriergeräten, die mit den drei Elektroden verbunden sind, kann z. B. die elektrische Spannung an den einzelnen Elektroden in Abhängigkeit von der Bewegung der Sonde aufgezeichnet werden. Man kann auch die längs des Bohrlochs variierenden Erdungswiderstände registrieren und damit die einzelnen Schichten identifizieren. Außerdem lassen sich mit diesem Gerät der Neigungswinkel der Bohrlochachse gegenüber der Lotrechten, das Azimut der die Bohrlochachse enthaltenden vertikalen Ebene und der Winkel, den die die Bohrlochachse und eine der drei Elektroden enthaltende Ebene mit der zweiten, die Bohrlochachse und eine waagerechte festorientierte Gerade, z. B. Nord—Süd, enthaltende Ebene einschließt, bestimmen. Diese Aufgabe wird dadurch gelöst, daß in der Bohrlochsonde, außer den drei Elektroden mit aus der Sonde herausragenden Fühlern, ein Kreisel, dessen Achse als Bezugsrichtung zur Bestimmung der Lage der lotrechten Achsenprojektion auf die Horizontalebene und der Lage der Elektroden zu den Himmelsrichtungen in der

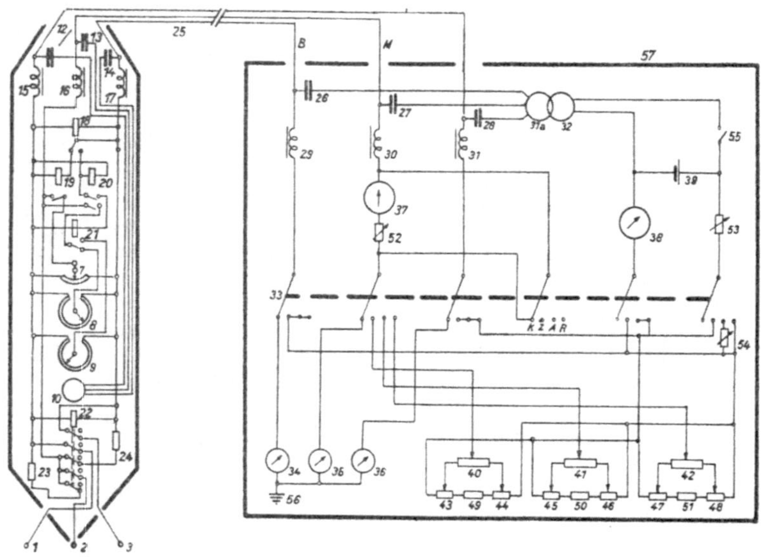

Abb. Schaltskizze des Gerätes

a) Einrichtung der Sonde

6 — Meßsonde; 7 — Pendelgewicht; 8, 9 — Potentiometer; 10 — kardanisch aufgehängter Kreisel; 12, 13, 14 — Kondensatoren; 15, 16, 17 — Drosselspulen; 19, 20, 21, 22 — Gleichstromrelais; 23, 24 — Ausgleichwiderstände; 25 — Aufhängekabel

b) Meßeinrichtung über Tage

25 — Kabel; 26, 27, 28 — Kondensatoren; 29, 30, 31 — Drosselspulen; 31a, 32 — Gleichstrom-Drehstrom-Umformer; 33 — sechspoliger Hauptschalter; 34, 35, 36 — Registriereinrichtung mit drei Registriergalvanometern; 37 — Nullgalvanometer; 38 — Strommesser; 39 — Gleichstromquelle; 40, 41, 42 — drei Potentiometer; 43 bis 48 — Justierspannungsteiler; 49 bis 51 — Widerstände; 52, 53, 54 — Regelwiderstände; 55 — Schalter; 56 — Elektrode; 57 — Gehäuse

Horizontalen dient, ferner zwei mit dem Kreiselrahmen verbundene Meßpotentiometer sowie zur Bestimmung der Abweichung der Achse der Sonde von der Lotrechten ein Gewichtspendel mit elektrischem Potentiometer, dessen Läuferstellung durch den Unterschied der Stellung der Kreiselachse und der Richtung einer der Elektroden gegeben ist, eingebaut sind.

Einzelheiten der Erfindung zeigt die Abbildung.

Bei den mit diesem Gerät durchgeführten Untersuchungen erhält man:

1. die drei praktisch identischen, jedoch im allgemeinen in der Teufe verschobenen Bohrlochmeßdiagramme, aus denen man eine oder mehrere elektrische Eigenschaften der zu durchfahrenden Gesteine ersehen und daraus auf die geologischen Formationen längs des Bohrlochs schließen kann;

2. die Winkelkoordinaten Z (Zenitwinkel) und A (Azimut) der einzelnen Punkte der Bohrlochachse, aus denen man unter Heranziehung der Teufe der einzelnen Meßpunkte den räumlichen Verlauf des ganzen Bohrlochs konstruieren kann;

3. die Differenzen in den Tiefenkoordinaten H_1 und H_2 der drei genannten Bohrlochmeßdiagramme und die Winkelkoordinate R_1, aus denen man die Richtung und Neigung der durchteuften Schichten rechnerisch oder graphisch feststellen kann.

FRIEDEMANN

Kurznachrichten

Im Osten des Kaspischen Meeres wurde bei **Tscheleken**, $^1/_2$ km vom Ufer entfernt, eine **Erdölbohrung** aus 2863 m eruptiv fündig.

Ein neues **Erdölvorkommen** ist in unmittelbarer Nähe der Erdölleitung von **Edschele** an der lybischen Grenze nach der algerischen Hafenstadt Bougie entdeckt worden. Die in etwa 1300 m Teufe fündige Bohrung liegt ca. 220 km nördlich von Edschele.

Mit dem Bau des größten **erdölverarbeitenden Betriebes** der **VR Bulgarien** wurde in der Nähe von Burgas begonnen. Aus dem Erdöl, das die UdSSR liefern wird, sollen 1963 jährlich 310000 t Autobenzin, 60000 t Düsentreibstoff, 500000 t Naphthalin und 900000 t Masut hergestellt werden.

Die Stadt **Limoges** (100000 Einwohner) hat sich jetzt vollkommen auf **Erdgas** umgestellt. Das Gas kommt vermittels einer Ferngasleitung aus Lacq.

Für **geologische Forschungen** und Bohrungen in **Kenia** will die BP-Shell-Gruppe jährlich ca. 1 Mill. $ investieren. Die Hauptgebiete, in denen reiche Ölvorkommen vermutet werden, liegen im weiteren Umkreis der Stadt Garissa am Tana-Fluß im Osten des Landes.

Die **Kohlenproduktion Österreichs** soll in den nächsten drei Jahren bis auf 5 Mill. t jährlich herabgesetzt werden. Die Haldenbestände der Gruben betrugen am 1. Jan. 1961 ca. 550000 t und dürften Ende des Jahres auf 700000 t angewachsen sein.

Die **Kohlenproduktion Englands** ging von 223,6 Mill. t 1957 auf 206,1 Mill. t 1959 und 193 Mill. t 1960 zurück.

Der **britische Kohlenabsatz** betrug im Jahre 1960 202,7 Mill. t. Er war damit 1960 um 8,8 Mill. t höher als 1959. In der Zeit von 1956—1959 war er um 33 Mill. t gesunken.

Für die **VAR** bedeutende **Steinkohlenlager** wurden im Erdölgebiet Anun Musa, mehrere Kilometer südöstlich von Suez, bei Bohrarbeiten entdeckt. Die Vorräte werden auf 30 Mill. t geschätzt.

Im Raum Amyntäon–Vevi–Florina in **Westmazedonien** wurde ein **Braunkohlen**vorkommen von mehreren 10 Mill. t festgestellt, das zum großen Teil im Tagebau gewinnbar ist.

In einem im Gebiet **Belgorod** entstehenden Bergwerk sollen jährlich 15 Mill. t eines 61—69%igen **Eisenerzes** abgebaut werden. Das Erz kann ohne Anreicherung direkt als metallurgischer Rohstoff verwendet werden.

Die **Eisenerzförderung Spaniens** betrug 1960 5,167 Mill. t gegenüber 4,609 Mill. t 1959.

Die **Eisenerzausfuhren Venezuelas** lagen 1960 mit 19604331 t um 2651661 t über den Exporten des Vorjahres.

Die **westdeutsche Produktion** an **Hüttenaluminium** stieg im Jahre 1960 auf 168938 t. Das sind 11,8% mehr als 1959.

Die **französische Aluminiumproduktion** betrug im Jahre 1960 253200 t gegenüber 173000 t 1959.

Die **japanische Aluminiumproduktion** stieg 1960 auf 131239 t. Es waren dies 32,4% mehr als 1959.

In den **USA** ist ein neues Verfahren zur Gewinnung von **Reinstsilber** entwickelt worden. Der Preis für dieses Reinsilber soll um ca. ein Drittel höher sein als für 99,9%iges Silber.

Eine große Versuchsanlage für die **Umwandlung von Seewasser in Süßwasser** wurde vor kurzem in den USA in Betrieb genommen. Die rund dreieinhalb Stockwerke hohe Anlage ist in der Lage, pro Tag 15000 Gallonen Seewasser in Trinkwasser umzuwandeln.

In den nächsten Heften
der

Zeitschrift für angewandte Geologie

erscheinen u. a. folgende Beiträge:

E. Dittrich & H.-J. Paech: Ingenieurgeologische Probleme beim Bau des Pumpspeicherkraftwerkes Hohenwarthe II (Amalienhöhe)
W. Mehner: Die Tonindustrie Brandenburgs, ihre Lagerstätten und Perspektiven
G. Knitzschke: Vererzung, Hauptmetalle und Spurenelemente des Kupferschiefers in der Sangerhäuser und Mansfelder Mulde
M. Kurze: Die Eislebener Schichten und das Weißliegende im Nordteil der Sangerhäuser Mulde
G. Adler & W. Horst: Geologisch-geoelektrische Kartierungen für das Pumpspeicherbecken Wendefurth (Harz)
E. Bein: Ergebnisse von Drehwaagemessungen an der Mitteldeutschen Hauptlinie (Abbruch von Wittenberg)
S. Grosse, C. Oelsner, H. Bremer: Über die gravimetrische Vermessung des Vogtlandes und des Erzgebirges
M. Lehmann: Die erdmagnetische Regionalvermessung des Granulitgebirges und des Frankenberger Zwischengebirges
H. Ungethüm: Bestimmung des Zirkoniums in rezenten Seifen, Kaolinen, Schwermineralkonzentraten und anderen natürlichen Rohstoffen

Herausgeber: Staatliche Geologische Kommission und Zentrale Vorratskommission für mineralische Rohstoffe der Deutschen Demokratischen Republik. Chefredakteur: Prof. Dr. Erich Lange, Berlin. Redaktion: Berlin N 4, Invalidenstraße 44. Verlag: Akademie-Verlag GmbH, Berlin W 8, Leipziger Straße 3–4 (Fernsprecher 220441, Telex 011773, Postscheckkonto: Berlin 35021). Bestellnummer des Heftes 1047/7/6. Die „Zeitschrift für angewandte Geologie" erscheint monatlich. Bezugspreis 2,– DM je Heft. – Satz und Druck: Druckhaus „Maxim Gorki", Altenburg. Veröffentlicht unter der Lizenznummer ZLN 5008 des Ministeriums für Kultur. Karten: MdI der DDR Nr. 6459/K 11.

ROW
Rathenow

MINOSECAR FR-Z

zum Trennen von Gesteinen bis 85 mm ∅ in jeder gewünschten Schnittebene sowie in parallele und dünne Scheiben. Größte abzutrennende Länge etwa 80 mm. Stücke bis 170 mm Länge einspannbar.

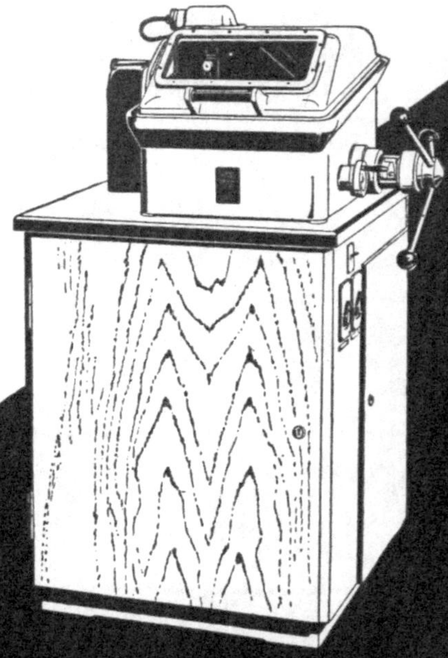

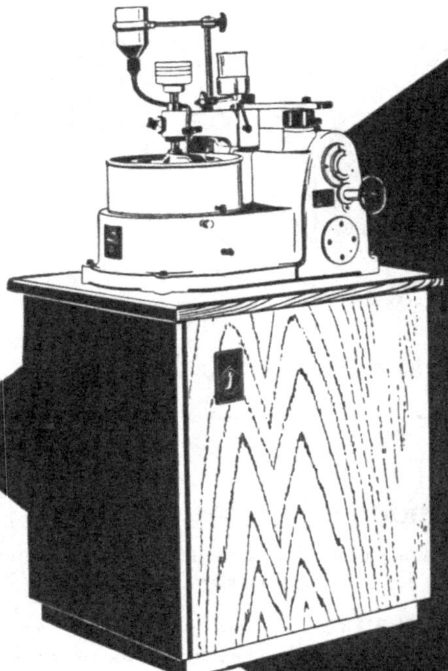

NEOSUPAN FR-X

zur mechanischen Herstellung von etwa 15 mineralogischen Dünnschliffen bis etwa 25 μm Dicke, so daß zeitraubende Handarbeit nahezu gänzlich entfällt.

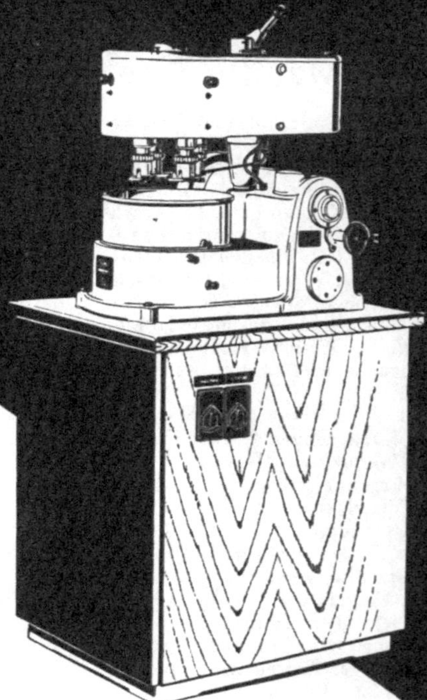

NEOSUPAN FR-Y

zur mechanischen Herstellung von sehr reliefarmen Anschliffen. Entweder 8 Proben in Ringen 35 mm ∅ oder 4 Proben in Ringen 100 mm ∅ lassen sich gleichzeitig bearbeiten.

Exportinformationen:
WMW-Export, Berlin W 8, Mohrenstraße 61
Deutsche Demokratische Republik

VEB RATHENOWER OPTISCHE WERKE · RATHENOW

FSC
www.fsc.org
MIX
Papier | Fördert gute Waldnutzung
FSC® C083411

Zeitfracht Medien GmbH
Ferdinand-Jühlke-Straße 7
99095 Erfurt, Deutschland
produktsicherheit@kolibri360.de